HZ BOOKS

华 章 图 书

一本打开的书，一扇开启的门，
通向科学殿堂的阶梯，托起一流人才的基石。

图 4-10　LSUN 室内数据集在 5 个 epoch 后的生成结果

图 4-13　DCGAN 中卧室室内图的变化

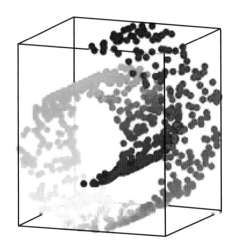

图 5-1　三维中的流形

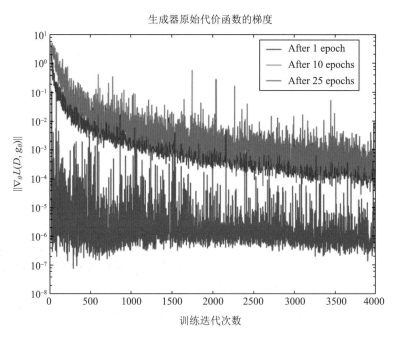

图 5-2　DCGAN 的梯度消失问题

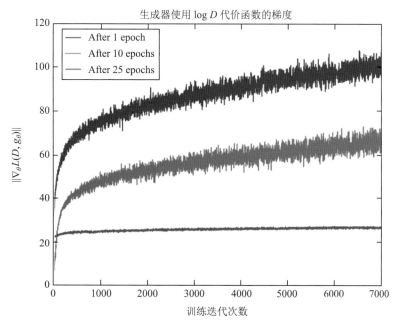

图 5-3　DCGAN 的网络更新不稳定示意图

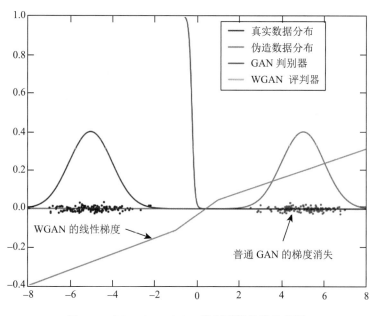

图 5-5　GAN 与 WGAN 的判别器曲线示意图

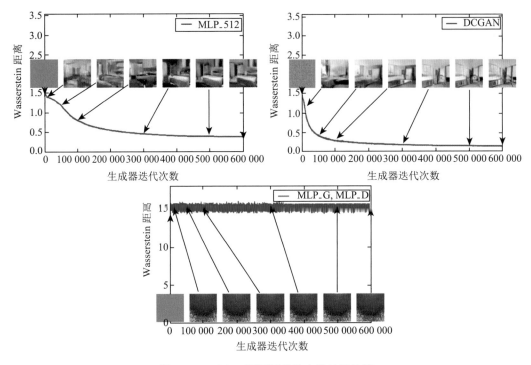

图 5-6　WGAN 不同架构的实验结果比较

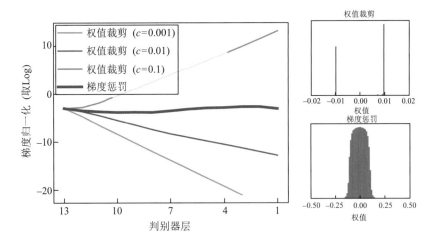

图 5-16　WGAN 与 WGAN-GP 梯度爆炸与梯度消失比较

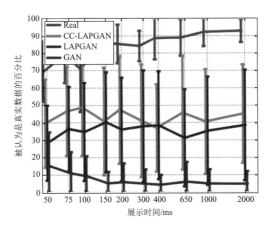

图 6-5　几种生成模型的效果比较

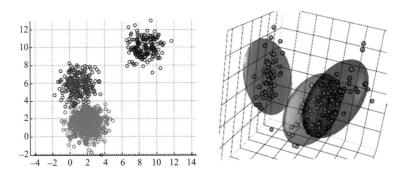

图 6-11　k-means 聚类效果图

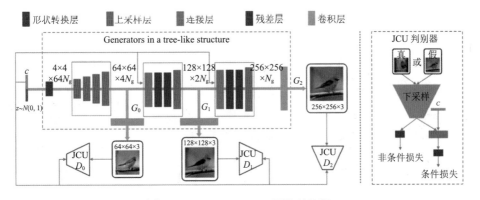

图 7-19　StackGAN-v2 网络结构图

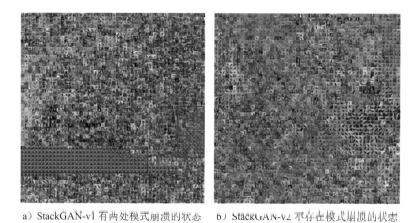

a）StackGAN-v1 有两处模式崩溃的状态　　b）StackGAN-v2 不存在模式崩溃的状态

图 7-23　StackGAN-v1 与 StackGAN-v2 的对比

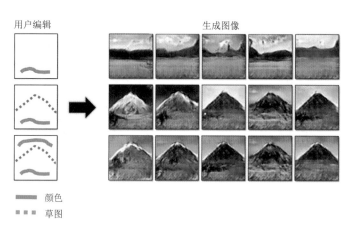

图 8-1　iGAN：交互式图像绘制

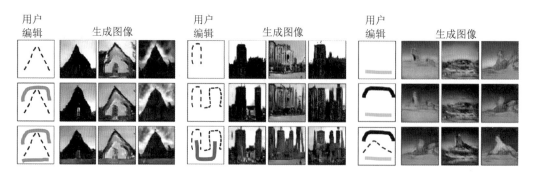

图 8-9　iGAN 软件生成的三个案例

图 8-11　黑白图像转换为彩色图像

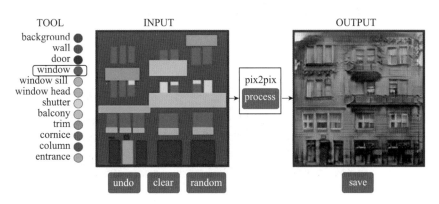

图 8-21　Web 软件试用：输入方块生成建筑物

图 8-23　模拟图片与道路实景转换

莫奈作品　　　风景照

莫奈作品　→　风景照

风景照　→　莫奈作品

图 8-32　莫奈画作与实景的互相转换

图 8-34　神经网络风格转换

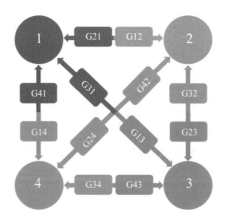

图 8-54　使用 CycleGAN 实现多领域转换的情况

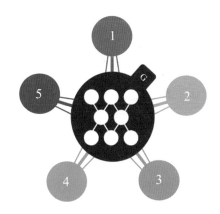

图 8-55　使用 StarGAN 实现多领域转换的情况

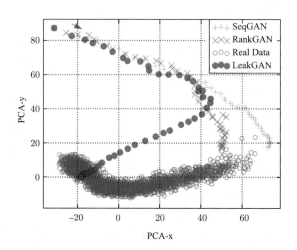

图 9-6　SeqGAN、RankGAN 以及 LeakGAN 在二维平面上的特征可视化

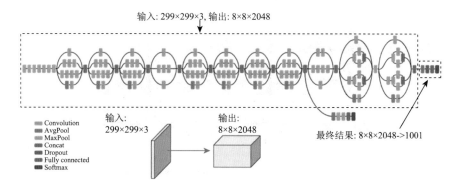

图 11-1　Inception v3 网络结构图

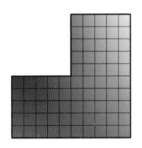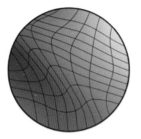

a）训练集数据特征分布　　　b）从 Z 进行特征映射　　　c）从 W 进行特征映射

图 11-8　训练集、正态分布随机输入、网络映射隐含层的数据分布示意图

图 12-1　图像模糊情况的物体检测试验

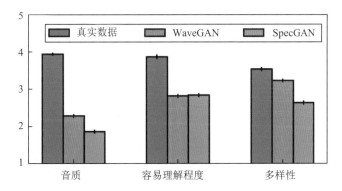

图 12-14　WaveGAN 生成效果评分

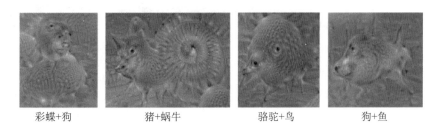

彩蝶+狗　　　　　猪+蜗牛　　　　　骆驼+鸟　　　　　狗+鱼

图 12-24　云朵和动物

图 12-36　观众高评价的 CAN 生成作品

图 12-37　CAN 生成作品各项排行榜

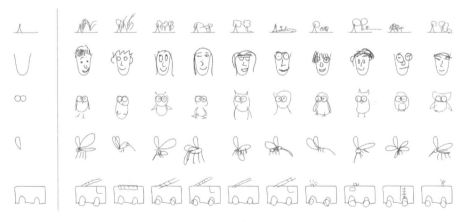

图 12-45　SketchRNN 的草图自动补全

智能系统与技术丛书

Generative Adversarial Network
A Primer Second Edition

生成对抗网络入门指南

|第2版|

史丹青 编著

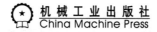

机械工业出版社
China Machine Press

图书在版编目（CIP）数据

生成对抗网络入门指南 / 史丹青编著 . --2 版 . -- 北京：机械工业出版社，2021.6
（智能系统与技术丛书）
ISBN 978-7-111-68371-1

I.①生… II.①史… III.①机器学习－指南 IV.①TP181-62

中国版本图书馆 CIP 数据核字（2021）第 103183 号

生成对抗网络入门指南　第 2 版

出版发行：机械工业出版社（北京市西城区百万庄大街 22 号　邮政编码：100037）				
责任编辑：赵亮宇		责任校对：殷　虹		
印　　刷：三河市东方印刷有限公司		版　　次：2021 年 6 月第 2 版第 1 次印刷		
开　　本：186mm×240mm　1/16		印　　张：17.5（含 0.75 印张彩插）		
书　　号：ISBN 978-7-111-68371-1		定　　价：89.00 元		

客服电话：(010) 88361066　88379833　68326294　　　投稿热线：(010) 88379604
华章网站：www.hzbook.com　　　　　　　　　　　　　　读者信箱：hzit@hzbook.com

前　言

　　生成对抗网络（GAN）毫无疑问是 2018 年最热门的人工智能技术，被美国《麻省理工科技评论》评选为 2018 年"全球十大突破性技术"。从 2014 年至今，与 GAN 有关的论文数量急速上升。网络上有人整理了近年来的 GAN 模型，截至 2018 年 2 月已经有超过 350 个不同形态的变种，并且数量仍然在持续增加中。在图像生成模型的质量上，生成对抗网络技术可以说实现了飞跃，很多衍生模型已经在一定程度上解决了特定场景中的图像生成问题。此外，诸如文本到图像的生成、图像到图像的生成等应用研究也让工业界与学术界非常兴奋，为人工智能行业带来了非常多的可能性。

　　让 GAN 走入大众视野的是 2018 年 10 月举办的一场拍卖会，由法国艺术创作团队 Obvious 使用 GAN 算法生成的画作以 43 万美元的高价被拍走，价格甚至远超同场拍卖的毕加索作品。AI 技术越来越接近人们的生活，如果说 AlphaGo 只是陪你玩游戏的大师，那这次让大家轰动的作品拍卖似乎在挑战人类对于艺术的创作与审美。

　　在之后的两年中，GAN 从一个尚待完善的新兴技术逐步发展成熟。而在几年前，大部分相关文章关注的还是针对手写数据集进行生成，最近随着谷歌、英伟达等大厂的入局，我们看到了诸如 BigGAN 和 StyleGAN 这样几乎逼真的人脸生成效果，甚至 StyleGAN 可以准确地控制生成人脸的状态。这些振奋人心的结果也让相关从业者和技术爱好者渴望了解这些技术背后的原理。

　　目前网络上关于生成对抗网络的介绍林林总总，越来越多的人对它的出现感到好奇，想知道计算机是如何通过博弈的方法来进行自我优化的。我也曾在知乎上写过一篇介绍性文章，但写完之后总觉得不够尽兴，希望有机会把这个领域相对完整的知识体系呈现在初学者面前，并帮助那些对人工智能技术感兴趣的朋友，让他们尽量少绕弯路，从而了解这个前沿的新兴领域。

　　本书面向机器学习从业人员、高校相关专业学生以及具备一定基础的人工智能领域爱好者，包含了生成对抗网络的理论知识与项目实践。通过本书的学习，读者能够理解生成对抗网络的技术原理，并通过书中的代码实例了解技术细节。本书尽量避免出现需要高性能计算设备才可以运行的项目，以便读者可以在感受到生成对抗网络的魅力之后，有机会在自己的设备上尝试运行一些项目。只有通过不断实践，才能真正理解生成对抗网络，并将其应用到自己的学习与工作中。

本书主要内容

本书共 12 章。第 1 章为入门章节，为读者介绍人工智能领域目前的发展状况，以及生成对抗网络的基本概念和它在整个研究领域中的状况。第 1 章不会涉及机器学习与深度学习的理论与实践细节，但在之后的生成对抗网络学习中会用到相关概念，因此希望读者可以自己去补全这些基础知识。

第 2 章是编程基础章节，是对机器学习与深度学习编程语言、框架以及工具应用的介绍，涉及的内容包括 Python 语言及第三方工具、TensorFlow 框架以及 Keras 框架。如果你已经具备了深度学习领域的编程基础，可以选择性地跳过本章部分内容。

第 3 章讨论生成对抗网络的整体框架，将按照基础概念、理论推导、可视化理解以及具体工程实践的顺序来带领大家认识 GAN。最后的代码部分使用 TensorFlow 实现，由于不会涉及大量的运算，读者可以按照书中的示例直接在笔记本电脑上运行代码，以加深对知识的理解。

第 4~6 章会在原始 GAN 的基础上介绍各种不同结构，但都是具有标志性特点的 GAN。正因为有这样的多样性，才使得该领域一直充满活力。

第 4 章介绍基于深度卷积神经网络的生成对抗网络（DCGAN），这是一种在图像生成领域非常流行的框架结构，由于对于卷积层的使用以及一些其他的优化，该模型在图像生成的时候具有更高的质量。本书会使用 Keras 框架的代码来搭建面向手写数据集的 DCGAN 整体框架以及训练代码。在 Keras 的帮助下，我们可以比较简便地完成整个模型，这也是深度学习框架给大家带来的便利。由于使用了卷积层，所以在笔记本电脑上运行需要花费一些时间，如果读者希望快速得出结果，可以使用第 2 章介绍的云平台进行 GPU 运算。最终，这一章还会给出 DCGAN 的一些创新性应用，这也为之后 GAN 在多媒体领域的应用打下了基础。

第 5 章首先介绍目前 GAN 结构存在的问题，并由这个问题出发引出业界著名的模型 WGAN。WGAN 的理论推导看起来有些复杂，但是最终得出的优化方法却简单得令人吃惊。本章的实践部分是在 DCGAN 的 Keras 代码基础上修改完成的，最终读者会发现只需要几处代码调整就可以完成一个理论上更优的模型设计。这也从另一个侧面反映了理论研究的重要性，只有真正懂得事物背后的道理，才能给出最优秀的方案。本章最后会给出对 WGAN 本身算法的改进——WGAN-GP。WGAN-GP 在业界属于比较优秀的方案，官方也给出了开源代码，而且大量的论文会用它作为比较对象。

第 6 章涉及一些不同结构的 GAN，包括监督式学习、半监督式学习与无监督式学习。在这一章中我们也可以看到 GAN 的各种可能性，比如在有标签的条件式生成对抗网络（cGAN）的帮助下，我们可以根据设定好的标签来进行具体分类图片的生成，而通过无标签生成的 InfoGAN 可以让隐含编码（latent code）中的每一项都具有实际意义，并通过调节输入的参数对生成内容进行定制。

第 7 章与第 8 章的核心思想建立在前文 cGAN 研究的基础上，但是方法和网络都进一步做了改进。第 7 章为文本到图像的生成，用户只需输入一句话就可以得到想要的图像。而第 8 章则是用户根据自己提供的图像最终呈现出一幅理想的画面，其中涉及知名的算法 Pix2Pix 以及 CycleGAN 等。这些项目的源码大多是开源的，感兴趣的读者可以根据官网或书中提供的方法对这些模型应用进行试验。

第 9 章主要介绍 GAN 在离散数据上的生成，通过引入策略梯度下降的方法解决了 GAN 在离散数据上不可导的问题，其中介绍了著名的方法 SeqGAN。同时，也会介绍在自然语言生成的场景下如何应用与优化基于 GAN 的离散数据生成技术。

第 10 章在离散数据生成的基础上进一步深入，首先会介绍离散决策常用的算法——强化学习，并阐明 GAN 与强化学习之间存在的相互关系。除此之外，也涉及强化学习的衍生方法，包括模仿学习与逆向强化学习，并探讨了它们与 GAN 的结合。

第 11 章首先介绍评估生成模型的一系列标准以及现有的一些难点问题，随后展示了近年来 GAN 的一系列突破性研究，尤其是图像生成质量和多样性方面的提升，重点介绍了目前最强大的两个 GAN 模型——BigGAN 与 StyleGAN。

第 12 章为读者更具体地介绍 GAN 的应用，从多媒体领域讲到艺术与设计领域，展示 GAN 在这些行业的发展中提供了怎样的帮助。由于 GAN 还是一项非常"年轻"的技术，因此也希望通过这一章来启发读者，在实际工作与科研过程中进一步思考还有哪些更好的应用场景，也许它就会成为你使用人工智能技术改变的下一个行业。

相较于第 1 版，本书新增的章节为第 9~11 章，重点介绍了最近 GAN 技术发展的新技术与应用。而且，本书修订了第 2 章的基础知识介绍部分，从 TensorFlow 1.0 全面升级到了 TensowFlow 2.4。在此基础上，其他章节中的所有代码也都支持 TensorFlow 2.4 版本。除此之外，部分内容也已根据技术发展进行了微调。

致谢

首先要感谢学术界数不清的优秀科研人员耕耘在科学技术的前沿，正是他们产出的高质量研究成果以及论文推动着时代的发展，带来了这个全新的人工智能时代。本书也是站在巨人的肩膀上，大量参考了相关的文献材料，没有这些研究者就没有这本书的诞生。也要感谢互联网上愿意分享的优秀技术博主和开发者，我从他们的分享中学到了太多太多。感谢开源平台 GitHub 聚集了数不清的开发者，开源精神让开发变得更加便捷，也让知识传播更加高效。

感谢机械工业出版社的朱捷先生对我的支持，他在我写作的过程中提供了非常多的思路与帮助，也正是出于他对我的认可和鼓励，才促成了我完成本书。此外也感谢所有为本书的出版付出过努力的工作者。

最后感谢我的父母以及教导我的老师，是他们的栽培成就了现在的我，在这里再一次感恩他们对我的付出。

与我联系

读者可以通过知乎（https://www.zhihu.com/people/shidanqing）与我取得联系，我很乐意收到您的私信，并与您进行相关技术的交流。敬请各位读者与行业专家对本书不足的地方予以批评和指正。

CONTENTS

目　录

第 1 章

人工智能入门

1.1 人工智能的历史以及发展

2017 年被业界称为人工智能商业化、产品化应用元年，这一年，在人机围棋大战中被称为"人类最后的希望"的柯洁与 AlphaGo 鏖战三轮，最终以总比分 0:3 败于 AlphaGo（图 1-1 为柯洁惜败的场面）。这是谷歌 DeepMind 公司具有深度学习能力的 AlphaGo 的第二次亮相。也是这一年，据 PitchBook 统计，全球人工智能和机器学习领域共获得风险投资超过 108 亿美元，而 2010 年才不足 5 亿美元。也是这一年，"得 AI 人才者得天下"成为共识，在美国，深度学习领域的人工智能博士生都已被 Google、Facebook、亚马逊、微软、英特尔争抢一空，AI 人才的起步年薪达到了百万美元。一瞬间，仿佛身边的人都开始习惯性地讨论几句"人和机器谁更厉害"的话题。

人工智能的热浪乘风而上，技术圈和投资界欢欣鼓舞（见图 1-2），似乎一个可以媲美 100 年前的电力、20 年前的互联网的机会正在到来。但真正了解这个领域的学术圈却保持冷静，因为这个蛰伏了大半个世纪的复杂学科，早已经历了一次又一次的高潮与低谷。

古希腊诗人荷马在公元前 8 世纪曾描述过锻造之神赫菲斯托斯[⊖]，《伊里亚特》史诗中写到他曾经设计并制作了一组金制的女机器人，这些机器人可以帮助他在铁匠铺做事，甚至能开口说话，并完成很多高难度工作。这可能是能够追溯到的最早的人工

⊖ https://baike.baidu.com/item/赫菲斯托斯/2604787

智能诞生的传说，人们开始想着不再仅仅把创造力放在静物上，而是有自我意识的个体——这是一个思维的突破，是最本质的变化。

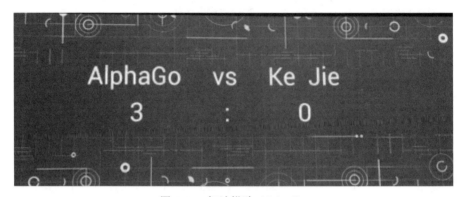

图 1-1   柯洁惜败 AlphaGo

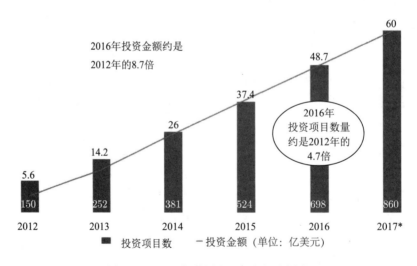

图 1-2   2017 年美国人工智能投资爆发

稍微对人工智能有所了解的人都知道图灵（见图 1-3）。艾伦·麦席森·图灵（Alan Mathison Turing）——距离我们大半个世纪前的英国数学家，被称为计算机科学之父，又被称为人工智能之父。至今，图灵奖（A. M Turing Award）作为"计算机界的诺贝尔奖"，依旧是最负盛名、最受推崇的奖项。"如果一台机器能够与人类展开对话（通过电传设备）而不能被辨别出其机器身份，那么称这台机器具有智能。"这就是里程碑式的人工智能图灵测试。

图 1-3　图灵

其实在图灵测试提出前，其他学科上同样伟大的突破也为人工智能学科的建立奠定了坚实的理论基础。人工智能简而言之是打造"人工大脑"，那么有以下三个问题需要解答：

- 大脑是如何运转的？
- 大脑的运行机制是否可以拆分成差异性极低的可衡量单元？
- 是否有其他人工产物可以等价体现这一单元粒度的价值或功能？

其中，第二个问题由神经学家揭开谜团，第三个问题由信息学家给出答案，第一个问题至今仍在探索。

1.1.1　人工智能的诞生

1872 年，在意大利的阿比亚泰格拉索疗养院里，29 岁的卡米洛·高尔基（Camillo Golgi）在一次意外中创建铬酸盐–硝酸银染色法。在相隔 1300km 的西班牙，一位同样年轻的神经学家圣地亚哥·拉蒙–卡哈尔（Santiago Ramón y Cajal）借助这种技术，在 1888 年发表了单个神经细胞存在的证据，由此创建了神经元理论，这被后世认为是现代神经科学的起源。这两位在 1906 年获得了诺贝尔生理学或医学奖$^{\ominus}$。

　　神经系统由神经元（见图 1-4）这样的基本单位构成，其激励电平只存在"有"和"无"两种状态，不存在中间状态。神经元二元论的观察与电子信号的 0 和 1 之间竟有如此美妙的契合度——当然这个时候数字信号的二进制还没有提出。另一个观察是，神经信号的传导大多是单向的，由树突到神经元细胞体再到轴突。基于简单的两个规律，神经网络的雏形已经跃然纸上，如果我们现在乘坐时光机回去，肯定会兴奋地吼叫："结合起来！这就是神经网络！我们可以做人造大脑了！"。但科学研究的步伐何其艰难，这临门一脚的突破蛰伏了 50 多年。

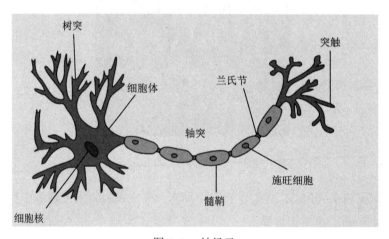

图 1-4　神经元

　　在 50 多年后的 1940 年，受神经学科奠基理论影响的 42 岁的沃伦·麦卡洛克（Warren McCulloch）和刚满 18 岁的沃尔特·皮茨（Walter Pitts）相遇，3 年后他们提出将数学和算法结合，建立了神经网络模型（见图 1-5），模仿人类的思维活动，从此拉开现代深度学习的序幕。

　　至此，神经元作为可拆分的差异性极低的可衡量单元出现，并且通过麦卡洛克和皮茨的努力，可以用数理化的方式进行描述。但存在于纸面算法的逻辑如何变成真正可执行的工程产物呢？克劳德·艾尔伍德·香农（Claude Elwood Shannon，信息论创始人）对继电器的全新解读登场了（见图 1-6）。

_____

$\ominus$ http://daixiaoyu.com/ai-3.html

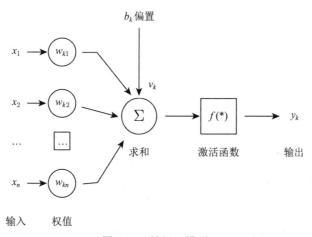

图 1-5　神经元模型

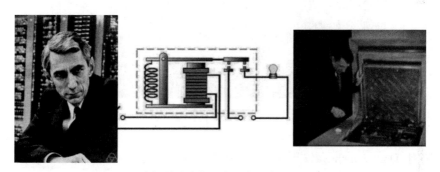

图 1-6　香农利用继电器完成老鼠自助走迷宫实验

继电器是一种电子控制器件，通过电磁铁来吸引一块铁片，以控制线路的开关。如果电源没有接通，那么信息的流通量为 0，如果电源接通，那么在绝对理想的情况下，信息被全部输送。香农在《继电器与开关电路的符号分析》中将逻辑代数的思想运用到了电路的设计上，用电子开关模拟布尔逻辑运算，解决了实际问题。

至此，"是否有其他人工产物可以等价体现这一单元粒度的价值或功能"这一问题也有了答案：继电器或者晶体管，或者任何能够输出 0 和 1 这两个信息符号的组件，都可以成为承载人工大脑信息传输的载体。

1943 年，图灵拜访贝尔实验室，和香农共进午餐，讨论人造思维机器的设想，大有英雄所见略同之感。1950 年，图灵提出一个关于判断机器是否能够思考的著名测试："如果一台机器能够与人类展开对话（通过电传设备）而不能被辨别出其机器身份，那么称这台机器具有智能。"

图灵测试至今也很少完整地应用于辨别人类和机器，原因很简单：机器还无法蒙混过关。但在一些影视作品里面可以看到完整的应用。1982 年上映的《银翼杀手》被视为有史以来最佳科幻电影之一，里面有一段经典的测试，叫作维特甘测试（Voight-Kampff test）。为了区分人类和复制人，会进行类似于"图灵测试"的检验：被试者会被询问几十个不同的问题，检测机器会通过查看他们的眼球运动等生理活动判断是否符合人类的正常反应，或者通过观测他们的回答方式、身体动作和即时反应来区分是否是真实人类。大部分复制人在这样的测试下很快就会露出马脚⊖。感兴趣的读者可以去看看这部电影（见图 1-7）。

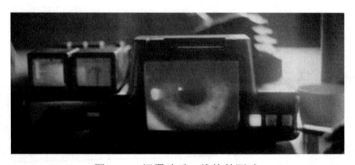

图 1-7　银翼杀手：维特甘测试

1956 年 Dartmouth 会议历经两个月的激烈讨论，提出人工智能这一名称，以及对应的学科任务。此会议也是人工智能正式诞生的一大标志。至此，人工智能作为一个令人痴迷的科学学科正式登上历史舞台。

1.1.2　人工智能的两起两落

从 1956 年开始，人工智能的研究进入全盛时代，至此开始的 10 年也称为"黄金十年"。这 10 年有很多成功的 AI 程序和新的研究方向出现，包括推理搜索的算法研究、自然语言处理、微世界研究等。AI 学者构造出了一系列计算机程序，当时人工智能研究者甚至认为："20 年内，机器将能完成人能做到的一切工作"，"在 3~8 年的时间里我们将得到一台具有人类平均智能的机器"⊖。

然而好景不长，很快到了 20 世纪 70 年代，盛极一时的学术圈"宠儿"人工智能

⊖ 巴塞君的文章，见知乎，https://zhuanlan.zhihu.com/p/30574732
⊖ https://sites.google.com/site/lessonofartificialintelligence/

开始遭受如潮的质疑和批评。人们渐渐发现仅仅具有逻辑推理能力远远不能实现人工智能，许多难题并没有随着时间推移而被解决，很多 AI 系统一直停留在"玩具"阶段。1974~1980 年是人工智能研究的第一个寒冬，研究者的理论方向漫无目的是因素之一，更大的原因在于当时落后的计算机运算能力和数据收集能力。当时内存上限 48KB 的第四代计算机只能允许用一个含 20 个单词的词汇表来演示 AI 在自然语言方面的研究结果，计算机离智能的要求还差上百万倍。

很快，对 AI 提供资助的机构（如英国政府、DARPA 和 NRC）开始逐渐停止了资助，AI 研究者也遭到了学术圈的冷遇。在此阶段，学者内部也对人工智能的研究本质产生了争执，并逐渐划分为两派：一是认为人工智能应该是解题机器的简约派；二是坚持 AI 应具有和人类一样的非逻辑性联想能力的芜杂派。

1980 年，简约派的研究成果之一"专家系统"面市，这是人工智能的一个研究分支，它具有一种仿真决策能力。卡内基·梅隆大学为 DEC（一家数字设备公司）设计并制造出一个专家系统，命名为 XCON。DEC 的 VAX 型计算机可以根据用户的需求组装不同的组件，有很多销售人员并不是技术专家，所以难免出现配件购买错误的问题。XCON 支持自动选择组件，从 1980 年到 1986 年，每年为公司省下 4000 万美元。一直被称为研究玩具的人工智能因此打破颓势，进而来到 1980~1987 年的第二个繁荣发展期。

许多公司纷纷效仿，开始研发和应用专家系统。知识工程作为专家系统的基础，也成为当时 AI 研究的热门方向。紧接着，日本提出第五代计算机计划，投入大量的人力和财力，旨在创造出能够和人交流、翻译各国语言、识别图像、具有一定推理逻辑能力的机器系统。也在同样的时期，David Rumelhart 提出著名的反向传播算法（BP 算法），解决了多层神经网络学习过程中遇到的诸多问题。由于这个算法的提出，神经网络开始作为主流算法广泛应用于机器学习的各大领域，比如模式识别、预测和智能控制等[⊖]。AI 迎来了又一轮高潮。

然而泡沫的破灭就在顷刻之间，人工智能研究的第二个寒冬伴随着个人消费电脑的快速崛起而到来[⊖]。从 1987 年到 1993 年，短短 6 年时间，苹果和 IBM 在 PC 市场的发力为人们带来便捷的计算工具的同时，也为价格高昂的 Lisp 电脑带来巨大的生存压力。而后者作为人工智能硬件的基础，它的破灭也阻挡了人工智能本身的发展。研发节奏的缓慢，导致质疑声卷土重来，应用狭窄、知识系统建立困难、维护成本高昂等诟病

⊖ https://zhuanlan.zhihu.com/p/25774614
⊖ http://intl.ce.cn/specials/zxgjzh/201610/31/t20161031_17368008.shtml

压得研究人员喘不过气来。十年前日本提出的第五代计算机计划也宣布失败。AI 遭遇了一系列财政问题，进入第二次低谷。

至此，人工智能经历两起两落，从初见雏形至此已经过了快 60 年，"20 年内，机器将能完成人能做到的一切工作"的豪言壮语并没有变成现实。然而中国有句古话叫"甲子一轮回"，跌跌撞撞的 60 年走来，人工智能在不断的起伏中艰难前行。柳暗花明，人工智能的下一个 60 年开始变得豁然开朗。

1.1.3　新时代的人工智能

1965 年，英特尔创始人之一戈登·摩尔（Gordon Moore）提出著名的摩尔定律："当价格不变时，集成电路上可容纳的元器件的数目每隔 18~24 个月便会增加一倍，性能也将提升一倍。"这一定律揭示了信息技术进步的速度。人工智能第一次遭遇低谷的原因之一便是当时落后的计算机运算能力，但在 1990 年后，算力已不再是阻挡人工智能腾飞的障碍。从 20 世纪 90 年代开始，计算机处理器的性能更新速度越来越快，伴随而至的人工智能也开始出现令人惊叹的成就，掀起新一轮高潮，直到今时今日。其中有四次著名的人机大战，从每一次比拼的变化中可以看到人工智能发展之迅猛令人咋舌。

第一场：1997 年，美国 IBM 公司的"深蓝"超级计算机挑战博弈树复杂度为 10^{123} 的国际象棋，以 2 胜 1 负 3 平的成绩战胜了当时世界排名第一的国际象棋大师卡斯帕罗夫，引起世界范围内的轰动（见图 1-8）。相较于卡斯帕罗夫可以预判 10 步，"深蓝"依靠每秒可运算 2 亿步的强大计算能力穷举所有路数来选择最佳策略，可以计算到 12 步，高下立判。

第二场：2006 年，浪潮天梭挑战博弈树复杂度为 10^{123} 的中国象棋，在比赛中，同时迎战柳大华、张强、汪洋、徐天红、朴风波 5 位大师。比赛按照 2 局制的规则进行，反复博弈后，浪潮天梭最终凭借每步 66 万亿次的棋位分析与检索能力，发挥出平均每步棋 27 秒的速度，以 11:9 的总比分取得胜利。从那场比赛开始，象棋软件蓬勃发展，人类棋手逐渐难以与之抗衡。

第三场：2011 年，"深蓝"的同门师弟"沃森"在美国老牌智力问答节目《危险边缘》中挑战两位人类冠军[⊖]。比赛过程中，"沃森"展现出惊人的自然语言理解能力，不但能够准确识别题目内容，还能够分析线索的微妙含义，并理解讽刺、反语等深层次的表达方式，再加上它 3 秒内检索数百万条信息的运算速度，最终轻松战胜两位人类冠军。

⊖ http://www.xinhuanet.com/science/2016-07/09/c_135171112.htm

图 1-8   "深蓝"大战卡斯帕罗夫

第四场：2016 年，谷歌 DeepMind 公司的 AlphaGo 挑战世界冠军韩国职业棋手李世石九段。这场比赛举世瞩目，博弈树复杂度为 10^{360} 的围棋一直被看作人类最后的智力竞技高地。据估算，围棋的可能下法数量超越了可观测宇宙范围内的原子总数，显然 1997 年的"深蓝"式的硬算在围棋上行不通。正因如此，人们长久以来一直认为只有人类擅长下围棋。但 AlphaGo 最终以 4:1 战胜李世石（见图 1-9）。更可怕的是，2016 年到 2017 年这个跨年夜，AlphaGo 进阶版 Master 在某围棋网络对战平台上挑战中韩世界冠军，留下超过 60 盘连胜零负的成绩后绝尘而去，包括对当今世界围旗第一人柯洁连胜三局。

四场比赛，20 年的时间，体现人类智慧的竞技游戏已被人工智能彻底占领高地，甚至有人戏称李世石将是最后一个可以战胜 AI 的棋手。与此相伴的，是人工智能在多个领域的全面繁荣与成长。

图 1-9   AlphaGo 对战李世石

1.2　机器学习与深度学习

　　2012 年以后，信息爆炸带来的数据量猛增、计算机算力的高速提升、深度学习的出现以及运用，使人工智能的研究领域不断扩展，迎来大爆发。除了传统的专家系统、机器学习等，进化计算、模糊逻辑、计算机视觉、自然语言处理、推荐系统也接二连三有了里程碑式的成果[一]，见图 1-10。

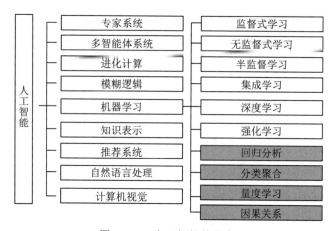

图 1-10　人工智能的分支

　　机器学习属于人工智能的分支之一，且处于核心地位。顾名思义，机器学习的研究旨在让计算机学会学习，能够模拟人类的学习行为，建立学习能力，实现识别和判断。机器学习使用算法来解析海量数据，从中找出规律，并完成学习，用学习出来的思维模型对真实事件做出决策和预测。这种方式也称为"训练"。深度学习是机器学习的一种实现技术，在 2006 年被 Hinton 等人首次提出。深度学习遵循仿生学，源自神经元以及神经网络的研究，能够模仿人类神经网络传输和接收信号的方式，进而达到学习人类的思维方式的目的[二]。

　　简而言之，机器学习是一种实现人工智能的方法，深度学习是一种实现机器学习的技术，而本书的主角——生成对抗网络则是深度学习中的一种分类。它们之间的关系可以通过图 1-11 清晰地表示。

　⊖ https://www.msra.cn/zh-cn/news/features/ai-hot-words-20171010
　⊜ https://blog.csdn.net/Michaelwubo/article/details/79625212

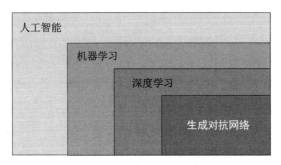

图 1-11　人工智能、机器学习、深度学习与生成对抗网络四者的关系

1.2.1　机器学习分类

在机器学习或者人工智能领域，有几种主要的学习方式：监督式学习、无监督式学习、强化学习。监督式学习主要用于回归和分类，无监督式学习主要用于聚类。

监督式学习[一]是从有标签训练集中学到或建立一个模式，并根据此模式推断新的实例。训练集由输入数据（通常是向量）和预期输出标签所组成。当函数的输出是一个连续的值时称为回归分析，当预测的内容是一个离散标签时，称为分类。

无监督式学习[二]是另外一种比较常用的学习方法，与监督式学习不同的是，它没有准确的样本数据进行训练。举个例子，比如我们去看画展，如果我们对艺术一无所知，是很难直接区分出艺术品的流派的。但当我们浏览完所有的画作，则可以有一个大概的分类，即使不知道这些分类对应的准确绘画风格是什么，也可以把观看过的某两个作品归为一个类型。这就是无监督式学习的流程，并不需要人力来输入标签，适用于聚类，把相似的东西聚在一起，而无须考虑这一类到底是什么。

强化学习[三]是另外一种重要的机器学习方法，强调如何基于环境而行动，以取得最大化的预期利益。在这种模式下，输入的样本数据也会对模型进行反馈，不过不像监督式学习那样直接告诉正确的分类，强化学习的反馈仅仅检查模型的对错，模型会在接收到类似于奖励或者惩罚的刺激后，逐步做出调整。相比于监督式学习，强化学习更加专注于规划，需要在探索未知领域和遵从现有知识之间找到一个合理的平衡点。

图 1-12 展示了监督式学习、无监督式学习和强化学习之间的区别。

[一] https://zh.wikipedia.org/wiki/监督式学习

[二] https://zh.wikipedia.org/wiki/非监督式学习

[三] https://zh.wikipedia.org/wiki/强化学习

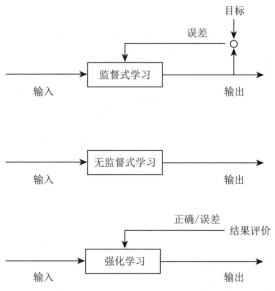

图 1-12　监督式学习、无监督式学习和强化学习的区别

1.2.2　神经网络与深度学习

神经网络是一种实现机器学习的技术，旨在模拟人脑神经网络的运作机制。1943年，抽象的神经元模型被首次提出。1949年，心理学家 Hebb 提出了"学习率"这一概念，即信息在人脑神经细胞的突触上传递时，强度是可以变化的。于是研究人员开始用调整权值的方法进化机器学习算法。1958年，计算科学家 Rosenblatt 提出了由两层神经元组成的单层神经网络，它可以完成线性分类任务。

1986年，BP 算法的提出解决了两层神经网络所需要的复杂计算量问题。这个算法在两层神经网络（输入层和输出层）中增加了一个中间层。但尽管使用了 BP 算法，一次神经网络的训练仍然耗时太久，局部最优解作为困扰训练优化的一大问题，使得神经网络的优化较为困难。

2006年，Hinton 在 *Science* 和相关期刊上发表了论文，首次提出了深度学习的概念，并增加了两种优化技术——"预训练"（pre-training）和"微调"（fine-tuning）。这两种技术的运用可以让神经网络的权值找到一个接近最优解的值，并大幅减少对整个网络进行优化训练的学习时间⊖。

图 1-13 中展示了单层、两层和多层神经网络。

⊖ 计算机的潜意识，https://www.cnblogs.com/subconscious/p/5058741.html

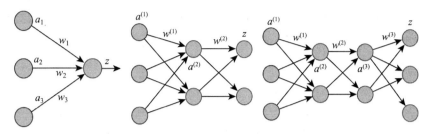

图 1-13   从单层、两层和多层神经网络

深度学习实际上指的是深度神经网络学习，普通神经网络由于训练代价较高，一般只有 3~4 层，而深度神经网络由于采用了特殊的训练方法和一些技术算法，可以达到 8~10 层。深度神经网络能够捕捉到数据中的深层联系，从而能够得到更精准的模型，而这些联系不容易被普通的机器学习方法所发觉。

1.2.3　深度学习的应用

目前，深度神经网络学习（见图 1-14）在人工智能界占据统治地位。但凡有关人工智能的产业报道，必然离不开深度学习。深度学习的引入也确实让使用传统机器学习方法的各个领域都取得了突破性的进展。

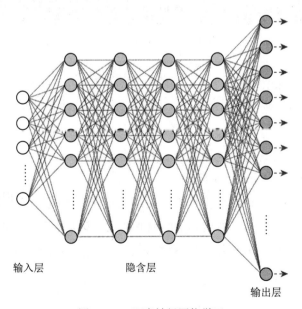

图 1-14   深度神经网络学习

自 2000 年开始，人们开始用机器学习解决计算机视觉问题——可以很好地实现车牌识别、安防、人脸识别等技术。在深度学习出现以前，大多数识别任务要经过手工特征提取和分类器判断两个基本步骤，而深度学习可以自动地从训练样本中学习特征。深度学习的发展使其应用场景不断扩大，如无人车、电商等领域。Mobileye 及 NVIDIA 公司把基于深度卷积神经网络的方法用于汽车的视觉系统中，率先将深度学习应用于无人驾驶领域，为无人驾驶提供了硬件基础。2018 年 2 月 2 日，谷歌宣布将于 2018 年启动无人驾驶出租车服务，无人驾驶首次开启商业运营（见图 1-15）。除此之外，通用、特斯拉、百度、Uber、苹果等公司也进入无人驾驶赛道⊖。

图 1-15   谷歌无人驾驶车

在语音技术上，2010 年后深度学习的广泛应用使语音识别的准确率大幅提升，成熟产品如苹果的 Siri、亚马逊的 Echo （见图 1-16）等，可以很轻松地识别出用户说出的一段话，并可以协助用户完成一些任务，比如开关应用、搜索，甚至帮助预订晚餐座位。与图像相比，语音的识别更加复杂，不同语言、不同口音，甚至充满暗喻的内容，这些对机器的理解能力提出很高的要求⊖。

在自然语言处理上，目前取得最大突破的成熟产品就是机器翻译。谷歌的翻译系统可以理解原文的连贯语义，给出完整的翻译结果，这是人工智能的一个标杆性事件。2016 年，谷歌翻译升级成谷歌神经网络翻译系统（Google Neural Machine Translation），在机器翻译上实现颠覆性突破。

⊖ http://www.sohu.com/a/226424941_465591

⊖ https://blog.csdn.net/qq_41020134/article/details/80612872

图 1-16　亚马逊智能音箱 Echo

1.3　了解生成对抗网络

1.3.1　从机器感知到机器创造

机器学习与深度学习在过去几年取得了重大突破，尤其是深度学习的发展让计算机具备了非常强大的感知能力，计算机可以感知物体、识别内容，甚至理解人们说的话。从机器学习到深度学习的不断发展过程中，机器一直在不停地模仿人类的思维方式，希望能像人一样思考，但仅仅具备感知能力似乎是不够的，人类思维能力的迷人之处更在于它的创造能力，我们希望计算机能够自己创作艺术作品，如写诗、谱曲、作画等。

越来越多的研究者将自己的研究方向从机器感知转向了机器创造，希望通过生成技术能够让计算机具备生成新事物的能力。在生成技术的研究中，本书的主角——生成对抗网络应运而生，它打破了人们对传统生成模型的理解，并取得了非常令人满意的效果。

要了解生成对抗网络[1]，不得不先认识一下"生成对抗网络之父"Ian Goodfellow（见图 1-17，以下简称 Ian）。Ian 本科与研究生在斯坦福大学计算机科学专业就读，读博士时期在蒙特尔大学研究机器学习，师承深度学习的顶级大师 Yoshua Benjo（业界公认他与 Geoffrey Hinton、Yann LeCun 并列为深度学习领域的"三驾马车"），而生成对抗网络正是 Ian 在蒙特尔大学读博士期间提出的想法。Ian 在毕业后先后在 Google 和 OpenAI 进行深度学习相关的研究，在此期间对 GAN 的持续发展做出非常大的贡献。

Ian 发明生成对抗网络是出于一个偶然的灵感，当时他正在蒙特尔大学和其他博士生一起进行生成模型的研究，他们想通过该生成模型让计算机自动生成照片。当时他们的想法还是希望使用传统的神经网络方法，希望通过模拟人的大脑思考方式来进行图片的生成。但是生成的图像质量始终不理想，如果继续对现在的模型进行优化，需要非常大量的训练数据集，而且最终的可行性也不得而知。

图 1-17　　GAN 发明者：Ian Goodfellow

　　当时的 Ian 对使用传统神经网络的方式产生了怀疑，他认为也许这并非最理想的解决方案。一天晚上，他突然想到一种全新的思路，如果不是只用一个神经网络，而是同时使用两个神经网络，会不会有更好的效果呢？

　　这一想法为他打开了一种全新的思路，在 Ian 的构思中，两个神经网络并非合作关系，而是一种博弈与对抗的关系（见图 1-18），这就是生成对抗网络最初的思想。就如同人类自身在发展过程中经历的那样，只有在和同类竞争的环境下，对于某项技能的学习才会更加快速，比如各类比赛，尤其是体育类竞赛每年的成绩都在不断逼近人类极限，这其中有很大一部分原因在于比赛选手之间的比拼与较劲。

　　如果从仿生学的角度来看，其实在生物的发展过程中也有类似的状态，在与其他物种，尤其是与天敌的对抗中，自身会不断进化，从而向着一个更完善的状态转变。这一理论是由进化生物学家 Leigh Van Valen 在 1973 年总结提出的，称为"红皇后假说"———一种关于生物协同进化的假说，物种间为了争夺有限的资源，不得不持续优化自身以对抗自身种族的捕食者与竞争者。而对于该物种的捕食者与竞争者来说，也同样需要不断进化来获取相应的资源。

图 1-18　图片来自《麻省理工科技评论》的 2018 十大技术突破

　　Ian 是一个非常果敢的执行派，同时也是一个代码高手，在基础理论大致清晰了之后，他立刻就开始了实践，并且在最初的几次实践中，这种对抗的思想就在实验数据的图像生成上取得了非常理想的效果。

　　生成对抗网络这种全新的技术为人工智能领域在生成方向上带来了全新突破。在之后的几年中，生成对抗网络成为深度学习领域中的研究热点，近几年与 GAN 有关的论文数量也急速上升（见图 1-19），网络上有人整理了近年来的 GAN 模型，截至 2018 年 2 月已经有 350 多个，数量仍然在持续增加⊖。

　　深度学习"三驾马车"中的另外一位顶级专家 Yann LeCun（纽约大学教授，前 Facebook 首席人工智能科学家）称赞生成对抗网络是"过去 20 年中深度学习领域最酷的思想"，而在国内被大家熟知的前百度首席科学家 Andrew Ng 也把生成对抗网络看作"深度学习领域中一项非常重大的进步"。在机器学习顶级会议 NIPS2016 上，为 Ian 专门开设了关于 GAN 的主题演讲（见图 1-20）。在 2018 年，这一对抗式神经网络的思想被《麻省理工科技评论》评选为 2018 年全球十大突破性技术（10 Breakthrough Technologies）之一。2018 年 10 月，由法国艺术创作团队 Obvious 使用 GAN 算法生成的画作以 43 万美元的高价被拍走，价格甚至远超同场拍卖的毕加索作品，这一事件也飞速提升了 GAN 在大众中的影响力。

⊖ https://deephunt.in/the-gan-zoo-79597dc8c347

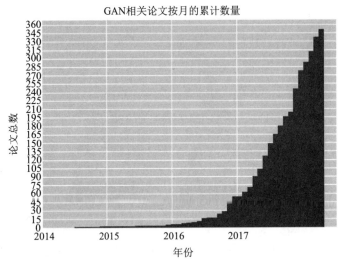

图 1-19   GAN 论文数量趋势图

图 1-20   Ian 在 NIPS2016 大会上进行分享

1.3.2   什么是生成对抗网络

让我们先用一个小例子来认识一下生成对抗网络。首先来认识一下生成对抗网络的两方——生成器与判别器,在训练过程中两者的配合非常重要。我们可以把生成器想象成一个古董赝品制作者(虽然这一比喻可能不太合适),其成长过程是从一个零基础的"小白"慢慢成长为一个"仿制品艺术家"。而鉴别器担任的则是一个古董鉴别专家的角色,它一开始也许仅仅是一个普通等级的"鉴别师",在与赝品制作者的博弈中它逐渐成长为一个技术超群的鉴别专家。

如图 1-21 所示，下面我们就以赝品制作与鉴别为例来说明生成对抗网络的工作原理。让我们来看一下最初的情况是怎样的：赝品制作者还是个什么都不懂的"小白"，也不懂真实的古董到底应该是什么样子，完全凭借自己的心意随意制作产品。

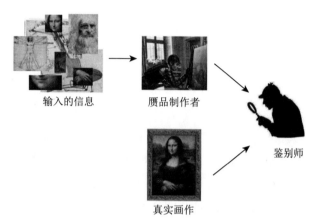

输入的信息　　赝品制作者

鉴别师

真实画作

图 1-21　生成对抗网络：创作者与鉴别师

面对简单易分辨的仿制品，初级鉴别者即便功力不深也能够一眼分辨出真假。在分辨完成的同时，鉴别者会将自己的判断结果写成报告，比如做工不精细、颜色不协调等。

第一次对抗就这样完成了，似乎离我们期待的目标还非常远，但是没关系，这才刚刚开始。现在进入第二阶段，仿造者通过一些渠道，拿到了鉴别者的判断报告，他认真研读了里面的每一条信息，根据这些信息重新制作赝品，虽然他依然不知道真实古董到底是什么样子，但他希望改进后的赝品能够骗过鉴别者。

这一次创作的赝品比之前的确实要成熟不少。到了鉴别者这边，当他再次拿到赝品和真品时，要重新判断作品的真假。这一次他也发现赝品制作者的能力有所提升，为了区分真假作品，他需要花时间去寻找一些更深入的区别点。当然，一番努力过后，鉴别师顺利完成了任务，同时他也如第一次一样，将他区分真假的理由写成报告（之后依然会流出到赝品制作者手里）。第二次对抗到这里也完成了。

当然，对抗远远没有结束，如同上述的故事一直持续了很多很多次……

在经历了 N 次的互相博弈以后，两者在整个训练过程中都变得非常强，其中的仿造者几乎能制作出以假乱真的作品，而鉴别者也早已是"火眼金睛"的鉴别专家了。最后一次博弈是这样的：赝品制作者已经完全摸透了鉴别师的心理，虽然他还是没有见过真的古董是什么样子，但是对古董应该具备什么样的特性已经十拿九稳，对于可能的鉴别过程也都了然于心。对于如此以假乱真的赝品,虽然鉴别者拥有"火眼金睛",但已然是无能为力了,他可以做的只能是凭运气猜测是真是假,而无法用确定的理由进行判断。

这也就是生成对抗网络最终的目的,而我们所需要做的就是培养出这个能够以假乱真的生成器。从第 3 章开始,本书会详细介绍生成对抗网络的技术细节。

1.4 本章小结

本章为入门章节,介绍了人工智能领域目前的发展状况,以及生成对抗网络的基本概念和它在整个研究领域中的状况。本章还对机器学习与深度学习的发展过程做了介绍,但不会涉及机器学习与深度学习的相关理论与实践知识。生成对抗网络是深度学习的一个分支领域,在之后对该领域的学习中,会默认用到机器学习与深度学习中的概念,希望读者可以有机会自己去补全这些基础知识。在后面的学习过程中,我们会慢慢认识到生成对抗网络的价值,尤其是在图像生成方向的贡献,让我们一步一步慢慢体会它的魅力所在。

第 2 章

预备知识与开发工具

本书后续内容中涉及的项目和示例大多是基于本章提到的工具完成的，如果对这些编程语言或者框架已经非常熟悉，可以直接跳过，如果你是第一次接触深度学习，那请跟随本章进行学习，为掌握后续内容打好基础。

2.1 Python 语言与开发框架

2.1.1 Python 语言

Python 是一门在科学与工程领域都非常流行的高级编程语言，属于解释性编程语言，在可读性和易用性方面优势非常显著。在数据科学和机器学习技术发展的推动下，Python 已经当之无愧成为目前最流行的编程语言之一。

Python 的第一个版本由荷兰程序员 Guido van Rossum（见图 2-1）在 1991 年发布，他对于 Python 语言的设计宗旨是"优雅、明确、简单"。Guido van Rossum 毕业于阿姆斯特丹大学，2005 年至 2012 年于谷歌公司担任软件工程师，2012 年之后加入了 Dropbox 并担任首席工程师。同时，他也一直在维护 Python 项目。

在 Python 官网⊖上可以下载其最新版本。目前 Python 分为两个大版本，分别为 Python 2 和 Python 3。前者为历史版本，在 2010 年更新至 2.7 之后就宣布不再更新了；后者为新版本，仍在持续维护中。目前这两个版本都在被广泛使用，读者在使用互联网上的开源项目时务必看清项目使用的 Python 版本号。

⊖ https://www.python.org

图 2-1   Python 发明人：Guido van Rossum

如果 Python 已经成功安装，则可以直接在终端命令行中输入"python"打开交互解释器，如图 2-2 所示。

```
➜  ~ python
Python 2.7.10 (default, Oct  6 2017, 22:29:07)
[GCC 4.2.1 Compatible Apple LLVM 9.0.0 (clang-900.0.31)] on darwin
Type "help", "copyright", "credits" or "license" for more information.
>>>
```

图 2-2   Python 交互解释器

此时可以直接在交互解释器中输入 Python 代码执行命令。如果尝试输入"import this"，可以看到 Python 的设计之道，如图 2-3 所示。

```
➜  ~ python
Python 2.7.10 (default, Oct  6 2017, 22:29:07)
[GCC 4.2.1 Compatible Apple LLVM 9.0.0 (clang-900.0.31)] on darwin
Type "help", "copyright", "credits" or "license" for more information.
>>> import this
The Zen of Python, by Tim Peters

Beautiful is better than ugly.
Explicit is better than implicit.
Simple is better than complex.
Complex is better than complicated.
Flat is better than nested.
Sparse is better than dense.
Readability counts.
Special cases aren't special enough to break the rules.
Although practicality beats purity.
Errors should never pass silently.
Unless explicitly silenced.
In the face of ambiguity, refuse the temptation to guess.
There should be one-- and preferably only one --obvious way to do it.
Although that way may not be obvious at first unless you're Dutch.
Now is better than never.
Although never is often better than *right* now.
If the implementation is hard to explain, it's a bad idea.
If the implementation is easy to explain, it may be a good idea.
Namespaces are one honking great idea -- let's do more of those!
```

图 2-3   隐藏的 Python 设计之道

2.1.2　常用工具简介

1. pip

Python 的开发者社区非常活跃，开源项目的开发者会将他们研发的框架和代码库开源供其他人使用。pip 工具是 Python 官方推荐的第三方 Python 包安装工具，使用起来非常便捷，仅需要几行命令即可管理你的所有第三方库。

如果你的 Python 版本在 2.7 或 3.4 以上，已经自带了 pip，可以直接使用。如果你不小心删除了工具包，或者发生了其他意外情况，可以按照下面的步骤重新安装。

首先使用 curl 下载官方的 get-pip.py 文件。

```
$ curl https://bootstrap.pypa.io/get-pip.py -o get-pip.py
```

接着直接运行 get-pip.py 文件，即可完成安装。

```
$ python get-pip.py
```

当需要更新 pip 时，只需运行下面的命令进行升级。

```
$ pip install -U pip
```

我们可以使用关键词来搜索需要的第三方库。

```
$ pip search "query"
```

使用 pip 安装第三方库非常简单，只需使用 install 命令，还可以根据自己的需要添加相应的版本号信息。下面三条命令分别为安装最新版本号、安装固定版本号与安装最小版本号。

```
$ pip install SomePackage
$ pip install SomePackage==1.0.4
$ pip install SomePackage>=1.0.4
```

有些情况下可能希望直接从源代码进行安装。下面的命令是用 GitHub 上的源码进行 pip 安装。

```
$ pip install https://github.com/user/repo.git@sometag
```

如果我们需要批量安装多种库,可以直接将这些库的名字写在一个 requirements.txt 文件里，然后统一进行安装。

```
$ pip install -r requirements.txt
```

卸载第三方库时使用 pip 也是非常简单的，例如：

```
$ pip uninstall SomePackage
```

使用 list 命令可以列出当前环境下的所有第三方库。

```
$ pip list
```

如果需要列出所有要更新的库，可以加上"--outdated"选项。

```
$ pip list --outdated
```

2. virtualenv

virtualenv 是一个 Python 虚拟环境工具，它可以为你建立独立的虚拟化 Python 运行环境。当你的电脑上包含不止一个 Python 项目的时候，可能每一个项目所依赖的库是不同的，甚至有些项目使用了相同的库但是却要求不一样的版本。这个时候建立独立的虚拟环境就变得非常重要。

virtualenv 让 Python 虚拟环境的搭建变得非常简便，在实际开发中一定会使用到，我的习惯是对每个项目都建立一个独立的环境，确保每个项目的第三方库之间不存在依赖关系。

可以通过 pip 来安装 virtualenv。

```
$ pip install virtualenv
```

如果希望直接安装最新的开发者版本，可以选择用源码安装。

```
$ pip install https://github.com/pypa/virtualenv/tarball/master
```

在你的项目文件夹中，通过以下命令可以创建名为 ENV 的虚拟环境。

```
$ virtualenv ENV
```

安装完毕后你并没有进入该虚拟环境，需要使用下面的命令激活环境。

```
$ source ENV/bin/activate
```

此时，你已经进入了新创建的 Python 虚拟环境，可以按照自己项目的需要进行环境的配置或安装第三方依赖包等。如果需要退出该环境，仅需运行反激活命令即可。

```
$ deactivate
```

3. Jupyter Notebook

Jupyter Notebook 是一个交互式编程的笔记本，用户可以基于它很快地进行代码调试，并快速得到反馈。

官方推荐使用 Python 3 的 pip 进行安装。

```
$ pip3 install --upgrade pip
$ pip3 install jupyter
```

安装完成后可以在你的文件夹中使用 jupyter 命令开启交互式编程笔记本。

```
$ jupyter notebook
```

开启后程序会自动跳转至浏览器，界面如图 2-4 所示。

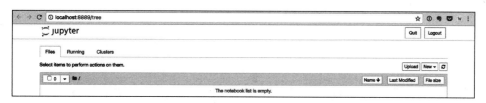

图 2-4　Jupyter Notebook：浏览器界面

单击右侧的 New 按钮，选中 Python 3，可以在当前目录中新建一个笔记本，如图 2-5 所示。

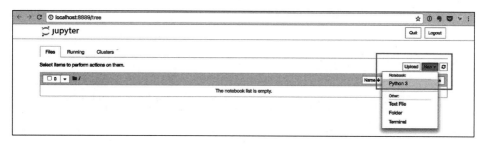

图 2-5　Jupyter Notebook：创建新笔记

建立后的笔记本如图 2-6 所示，界面分为菜单栏、工具栏和编辑区。可以在编辑区的单元格里编辑代码，按"Shift+Enter"键执行程序。

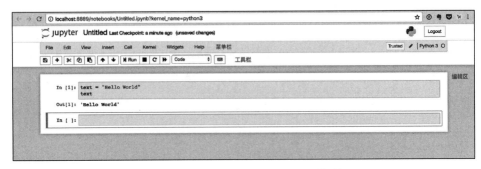

图 2-6   Jupyter Notebook：界面组件

2.1.3   第三方框架简介

Python 包含了大量实用的第三方框架，下面我们列举几个在数据处理和机器学习中常用的 Python 框架。

1. NumPy

NumPy 是一个在科学计算领域非常流行的第三方库，对于数组运算、向量运算以及矩阵运算的支持非常好，底层代码由 C 语言完成，所以执行效率非常高。

2. Pandas

Pandas 是基于 NumPy 的数据分析框架，内部包含了很多标准化的数据结构以及处理方法，是为了高效进行数据分析而生的一种工具。

3. Matplotlib 与 Seaborn

Python 有很多实用的第三方可视化工具，比如 Matplotlib、Seaborn、Bokeh 等。Matplotlib 是一个非常流行的 2D 图像绘制框架，可以满足机器学习中大部分数据可视化的需求，可以用在 Python 脚本、Jupyter Notebook 甚至是 Web 端的应用中。而 Seaborn 是一款基于 Matplotlib 的高级可视化框架，是用于数据统计分析以及探索的可视化工具，支持 NumPy 与 Pandas 的高级数据结构，图 2-7 中给出了其展示效果图。

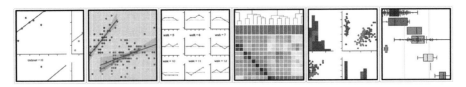

图 2-7   Seaborn 的展示效果图

4. Scikit-Learn

Scikit-Learn 是一款在学术领域非常流行的机器学习开源框架，对于常用的分类、回归、聚类等机器学习算法均提供了非常简便的高级 API 以供用户使用，通过简单的几步就可以完成大部分机器学习模型的训练和测试。之后要介绍的 TensorFlow 框架虽然也包含了大部分 Scikit-Learn 的机器学习功能，但更偏向于深度学习的研究，如果只是做一些机器学习的应用，Scikit-Learn 是更便捷的选择。

2.2　TensorFlow 基础入门

2.2.1　TensorFlow 简介与安装

TensorFlow（见图 2-8）是目前行业中最著名的机器学习框架之一，由谷歌大脑团队研发并在 2015 年开源，开发团队的机器学习研发能力很强，项目一直处于稳定的更新中。TensorFlow 的开发者社区同样也非常活跃，目前网络上大量的机器学习开源项目均是用 TensorFlow 开发完成的，大量的企业也开始把 TensorFlow 作为标准化的机器学习工具。

图 2-8　　TensorFlow Logo

在硬件层面上，谷歌在 2016 年推出了专门面向 TensorFlow 深度学习的专用处理芯片 TPU（见图 2-9）。相比于传统的图像处理器 GPU，TPU 的功耗更低，速度更快。著名的围棋软件 AlphaGo 也采用了 TPU 处理器，目前 TPU 也已经整合在谷歌云上，可供用户使用。

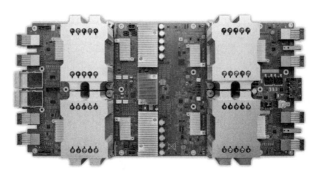

图 2-9   谷歌公司推出的 TPU 芯片

2017 年，谷歌针对移动端设备推出了 TensorFlow Lite，可以让开发者在移动设备上部署人工智能软件。基于 TensorFlow Lite 的架构如图 2-10 所示，开发者可以让自己的模型在不同的移动端设备上运行，实现诸如计算机视觉、自然语言处理等各类机器学习应用。

为了方便开发者，TensorFlow 除了提供了大量相关的配套教学材料以外，还集成了很多辅助工具。比如 TensorFlow 内部集成了可视化工具 TensorBoard，可以方便开发者理解、调试与优化 TensorFlow 程序。图 2-11 为 TensorBoard 设置完成后的界面。

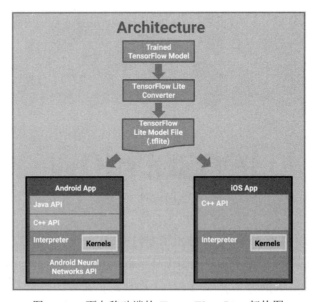

图 2-10   面向移动端的 TensorFlow Lite 架构图

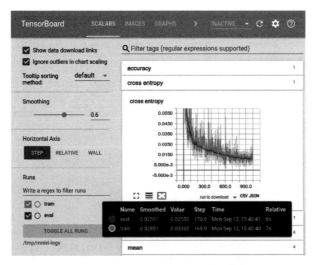

图 2-11　TensorBoard 界面示意图

在写作本书时，TensorFlow 已经升级到了 v2 版本，这个版本相比于 v1 版本有了非常多的变化。虽然增加了从 v1 升级导致的迁移成本，但是 TensorFlow 2 中同时支持了很多高阶的 API 功能，对于初学者来说反而变得非常友好。本书以 Macbook Pro 为例介绍如何在你的计算机上安装 TensorFlow 2.4，其他系统可使用类似方式或根据 TensorFlow 官网提示安装。

1. 使用 pip 安装

使用 pip 工具安装 TensorFlow 是最简便的方法，首先需确保你的计算机上的 Python 版本为 3.5 到 3.8。

按照下列命令安装 pip 工具。

```
$ sudo easy_install --upgrade pip
```

查看对应的 pip 是否安装完毕。

```
$ pip3 -V # for Python 3.n
```

使用 pip 安装 TensorFlow。要注意的是，由于 TensorFlow 的主服务器在海外，这里设置了清华大学的数据源以使安装过程更顺畅。

```
$ pip3 install -i https://pypi.tuna.tsinghua.edu.cn/simple tensorflow==2.4
```

如果希望卸载 TensorFlow，则可执行下面对应的命令。

```
$ pip3 uninstall tensorflow
```

2. 使用 Docker 安装

Docker 是一项主流的容器技术，可以对系统、软件、环境加以封装，比传统的虚拟机技术更为方便快捷。可以在 Docker 的官网上直接下载和你的计算机对应的 Docker 版本。

在 Docker 的资源库里已经有了 TensorFlow 的容器版本⊖。使用 Docker 安装是最简单的方案，它会直接在虚拟环境中运行，并且支持便捷地配置 GPU。可以执行下面的命令来下载最新的 TensorFlow 容器镜像，并在 8888 端口上运行。安装完毕后，可以在 "http://localhost:8888/" 中开启网页。

```
$ docker pull tensorflow/tensorflow:latest # Download latest stable image
$ docker run -it -p 8888:8888 tensorflow/tensorflow:latest-jupyter
```

3. 验证安装是否成功

我们可以使用一小段代码来验证 TensorFlow 是否安装完毕。在已经安装 Tensor-Flow 的终端环境下输入 Python 命令，进入对应的 Python 环境，并输入以下代码。

```
import tensorflow as tf
print(tf.__version__)
```

如果此时终端能够正确输出版本号 "2.4.0"，则说明 TensorFlow 已经安装正确。

2.2.2　TensorFlow 实例：图像分类

图像分类是机器学习任务中非常常见的问题，这里我们查看一个 TensorFlow 的官方案例⊖：如何使用 TensorFlow 的高级接口 Estimator 来实现鸢尾花的图像分类。

鸢尾花有多种类型（见图 2-12），可以通过花萼和花瓣的不同特征来加以区分。TensorFlow 提供的数据集中包含了下面四个植物学特征。

- 花萼长度（SepalLength）
- 花萼宽度（SepalWidth）
- 花瓣长度（PetalLength）
- 花瓣宽度（PetalWidth）

每一条数据也对应了一种鸢尾花分类的标签，如下所示。

⊖ https://hub.docker.com/r/tensorflow/tensorflow/
⊖ https://www.tensorflow.org/tutorials/estimator/premade

- 山鸢尾（Setosa）
- 变色鸢尾（Versicolor）
- 维吉尼亚鸢尾（Virginica）

图 2-12 鸢尾花的不同类型

基于这些信息，我们需要先定义一些常量用于后续的数据解析。

```
CSV_COLUMN_NAMES = ['SepalLength', 'SepalWidth', 'PetalLength', 'PetalWidth', '
    Species']
SPECIES = ['Setosa', 'Versicolor', 'Virginica']
```

接着我们从本地读取训练和测试数据，并解析对应的数据特征，同时构建数据的标签部分。

```
train_path = "./iris_training.csv"
test_path = "./iris_test.csv"
train = pd.read_csv(train_path, names=CSV_COLUMN_NAMES, header=0)
test = pd.read_csv(test_path, names=CSV_COLUMN_NAMES, header=0)
train_y = train.pop('Species')
test_y = test.pop('Species')
```

这里使用深度神经网络模型作为分类器进行训练，包含一个输入层、两个隐含层以及一个输出层。其中输入层为设置好的特征列，隐含层分别有 30 个和 10 个单元，最后的输出层为三个节点，分别对应三个分类。TensorFlow 的代码实现如下。

```
my_feature_columns = []
for key in train.keys():
    my_feature_columns.append(tf.feature_column.numeric_column(key=key))
classifier = tf.estimator.DNNClassifier(
    feature_columns=my_feature_columns,
    hidden_units=[30, 10],
    n_classes=3)
```

模型搭建完毕后就可以基于数据集进行训练了。

```
classifier.train(
    input_fn=lambda: input_fn(train, train_y, training=True),
    steps=5000)
```

最终对训练完毕的模型使用测试数据进行准确性的评估，这样，一整套基于深度模型的图像分类模型就搭建完毕了。

```
eval_result = classifier.evaluate(
    input_fn=lambda: input_fn(test, test_y, training=False))
```

在完成模型的训练后，我们可以对未知的数据进行预测分类。下面的代码提供了三个测试数据，并在训练完毕的分类器上测试模型的表现。

```
expected = ['Setosa', 'Versicolor', 'Virginica']
predict_x = {
    'SepalLength': [5.1, 5.9, 6.9],
    'SepalWidth': [3.3, 3.0, 3.1],
    'PetalLength': [1.7, 4.2, 5.4],
    'PetalWidth': [0.5, 1.5, 2.1],
}

def input_fn(features, batch_size=256):
    return tf.data.Dataset.from_tensor_slices(dict(features)).batch(batch_size)

predictions = classifier.predict(
    input_fn=lambda: input_fn(predict_x))

for pred_dict, expec in zip(predictions, expected):
    class_id = pred_dict['class_ids'][0]
    probability = pred_dict['probabilities'][class_id]
    print('Prediction is "{}" ({:.1f}%), expected "{}"'.format(
        SPECIES[class_id], 100 * probability, expec))
```

2.3 Keras 基础入门

2.3.1 Keras 简介与安装

Keras（见图 2-13）是目前深度学习研究领域非常流行的框架，相比于前面介绍的 TensorFlow，Keras 是一种更高层次的深度学习 API。Keras 使用 Python 编写而成，包含了大量模块化的接口，有很多常用模型仅需几行代码即可完成，大大提高了深度学习的科研效率。它是一个高级接口，后端可支持 TensorFlow、Theano、CNTK 等多种深度学习基础框架，默认为 TensorFlow，其他需要单独设置。目前，谷歌已经将 Keras 库移植到 TensorFlow 中，也让 Keras 成了 TensorFlow 中的高级 API 模块。

图 2-13　Keras 项目 Logo

Keras 具备了三个核心特点：
- 允许研究人员快速搭建原型设计。
- 支持深度学习中最流行的卷积神经网络与循环神经网络，以及它们两者的组合。
- 可以在 CPU 与 GPU 上无缝运行。

　　Keras 的口号是"为人类服务的深度学习"，在整体的设计上坚持对开发者友好，在 API 的设计上简单可读，将用户体验放在首位，希望研发人员可以以尽可能低的学习成本来投入深度学习的开发中。Keras 的 API 设计是模块化的，用户可以基于自己设想的模型对已有模块进行组装，其中如神经网络层、损失函数、优化器、激活函数等都可以作为模块组合成新的模型。与此同时，Keras 的扩展性非常强大，用户可以轻松创建新模块用于科学研究。

　　目前最简单的引入 Keras 的方法就是直接使用最新版本的 TensorFlow，可以通过以下引入方式在代码中使用 Keras。

```
from tensorflow import keras
```

　　此外，Keras 具有一个非常活跃的开发者社区，每天都会有大量的开源代码贡献者为 Keras 提供各种各样的功能。其中 Keras-contrib 是一个官方的 Keras 社区扩展版本，包含了很多社区开发者提供的新功能，为 Keras 的用户提供了更多选择。

　　Keras-contrib 的新功能通过审核后都会整合到 Keras 核心项目中，如果现在就想在项目中使用，需要单独安装，同样，可以使用 pip 工具直接安装。

```
$ sudo pip install git+https://www.github.com/keras-team/keras-contrib.git
```

随着 Karas 加入 TensorFlow，为了更好地进行代码上的整合，Keras-contrib 项目被整合进了 TensorFlow Addons。TensorFlow Addons 是一个针对 TensorFlow 核心库功能的补充，集成了社区最新的一系列方法。由于 AI 领域发展的速度快，一些最新的算法无法立刻移植到 TensorFlow 核心库中，所以会优先在 TensorFlow Addons 中进行发布。可以使用 pip 的方式方便地安装 TensorFlow Addons，从而使用一些高级的 API 接口。

```
$ pip install tensorflow-addons
```

2.3.2　Keras 使用入门

Keras 包含两种模型类型，第一种是序列模型，第二种是函数式模型。其中后者属于 Keras 的进阶型模型结构，适用于多入多出、有向无环图或具备共享层的模型，具体可参考 Keras 官方文档。本节中主要通过介绍序列模型来带读者学习 Keras 的使用方法。

所谓序列模型是指多个网络层线性堆叠的模型，结构如下列代码所示，该序列模型包含了一个 784×32 的全连接层、ReLU 激活函数、32×10 的全连接层以及 softmax 激活函数。

```
from tensorflow.keras.models import Sequential
from tensorflow.keras.layers import Dense, Activation

model = Sequential([
    Dense(32, input_shape=(784,)),
    Activation('relu'),
    Dense(10),
    Activation('softmax'),
])
```

也可以使用 add() 方法进行序列模型中网络层的添加。

```
model = Sequential()
model.add(Dense(32, input_dim=784))
model.add(Activation('relu'))
```

下面我们来看一个用 Keras 实现的神经网络二分类示例，网络结构非常简单，由两个全连接层构成。示例中包含了网络模型的搭建、模型的编译以及训练，读者可以在自己的设备上尝试运行此代码以熟悉 Keras 的使用。

```
import numpy as np
from tensorflow.keras.models import Sequential
from tensorflow.keras.layers import Dense
```

```
data = np.random.random((1000,100))
labels = np.random.randint(2,size=(1000,1))
model = Sequential()
model.add(Dense(32, activation='relu', input_dim=100))
model.add(Dense(1, activation='sigmoid'))
model.compile(optimizer='rmsprop',loss='binary_crossentropy',metrics=['accuracy'])
model.fit(data,labels,epochs=10,batch_size=32)
predictions = model.predict(data)
```

下面我们根据 Keras 官网的示例来尝试搭建一个类似 VGG 网络的卷积神经网络模型。首先引入需要使用的模块，其中包括 Keras 库中的全连接层、卷积层等。

```
import numpy as np
from tensorflow import keras
from tensorflow.keras.models import Sequential
from tensorflow.keras.layers import Dense, Dropout, Flatten
from tensorflow.keras.layers import Conv2D, MaxPooling2D
from tensorflow.keras.optimizers import SGD
```

为了实现模型，我们需要先准备一些训练和测试数据，这里使用随机方法进行数据的准备。

```
x_train = np.random.random((100, 100, 100, 3))
y_train = keras.utils.to_categorical(np.random.randint(10, size=(100, 1)),
    num_classes=10)
x_test = np.random.random((20, 100, 100, 3))
y_test = keras.utils.to_categorical(np.random.randint(10, size=(20, 1)),
    num_classes=10)
```

整体上可以按照 VGG 的结构来搭建整个网络，包括叠加卷积层、池化层、Dropout层、Max Pooling 层、全连接网络层等。

```
model = Sequential()

model.add(Conv2D(32, (3, 3), activation='relu', input_shape=(100, 100, 3)))
model.add(Conv2D(32, (3, 3), activation='relu'))
model.add(MaxPooling2D(pool_size=(2, 2)))
model.add(Dropout(0.25))

model.add(Conv2D(64, (3, 3), activation='relu'))
model.add(Conv2D(64, (3, 3), activation='relu'))
model.add(MaxPooling2D(pool_size=(2, 2)))
model.add(Dropout(0.25))
```

```
model.add(Flatten())
model.add(Dense(256, activation='relu'))
model.add(Dropout(0.5))
model.add(Dense(10, activation='softmax'))
```

最后我们进行模型的优化设置以及对模型进行编译，并可以在训练数据上进行学习。

```
sgd = SGD(lr=0.01, decay=1e-6, momentum=0.9, nesterov=True)
model.compile(loss='categorical_crossentropy', optimizer=sgd)
model.fit(x_train, y_train, batch_size=32, epochs=10)
score = model.evaluate(x_test, y_test, batch_size=32)
```

同样地，我们也可以使用 Keras 的序列模型实现基于 LSTM 的循环神经网络模型。

```
from tensorflow.keras.models import Sequential
from tensorflow.keras.layers import Dense,Embedding,LSTM

model = Sequential()
model.add(Embedding(20000,128))
model.add(LSTM(128,dropout=0.2,recurrent_dropout=0.2))
model.add(Dense(1,activation='sigmoid'))
```

下面则是对于该循环神经网络模型的编译与训练，同时最终评估了训练模型的效果。

```
model.compile(loss='binary_crossentropy', optimizer='adam', metrics=
    ['accuracy'])
model.fit(x_train, y_train, batch_size=32, epochs=15, verbose=1, validation_data=
    (x_test,y_test))
score = model.evaluate(x_test, y_test, batch_size=32)
```

最终我们可以将模型保存到本地的 model 文件夹路径下。

```
model.save('./model')
```

当在业务中需要使用对应模型时，只需要使用加载模型的方法从 model 路径中进行模型的加载即可。

```
from tensorflow.keras.models import load_model
my_model = load_model('./model')
```

通过这几个示例我们会发现，使用 Keras 来实现那些复杂的深度学习网络像是搭建积木一样，把一些非常复杂的工作简单化了。在下一节中，会通过一个简明的案例带领大家了解如何使用 Keras 解决实际的应用问题。

2.3.3　Keras 实例：文本情感分析

本小节中我们通过学习 Keras 官方的一个实例[0]来熟悉一下 Keras 的使用方法。

情感分析是自然语言处理领域的研究热点，也是一项非常实用的技术，可以利用这项技术来分析用户在互联网上的观点和态度，同时也可以分析企业或商品在互联网上的口碑。

在深度学习中，循环神经网络（RNN）是处理像文本这样的序列模型的最好方式，但传统的 RNN 存在的问题是，当序列变长后，RNN 无法记住之前的重要信息，并且会存在梯度消失的问题。为了解决上述问题，研究者提出了一种长短期记忆网络（LSTM），这也是目前业内处理文本序列非常流行的一种模型（见图 2-14）。

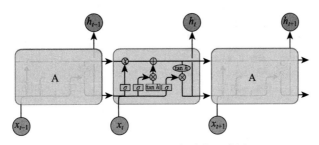

图 2-14　LSTM 网络结构示意图

Keras 官方已经为大家准备好了 LSTM 模型的 API，并且提供了 IMDB 电影评论数据集，其中包含了评论内容和打分。下面让我们来看如何使用 Keras 来解决情感分析的问题。首先引入所有需要的模块。

```
from __future__ import print_function
from tensorflow.keras.preprocessing import sequence
from tensorflow.keras.models import Sequential
from tensorflow.keras.layers import Dense, Embedding, LSTM
from tensorflow.keras.datasets import imdb
```

准备好数据，选择最常用的 20 000 个词作为特征数据，并将数据分为训练集和测试集。对于文本数据，这里需要进行长度统一，设置最大长度为 80 个词，如果超过则截断，不足则补零。

```
max_features = 20000
maxlen = 80
batch_size = 32
```

```
(x_train, y_train), (x_test, y_test) = imdb.load_data(num_words=max_features)
x_train = sequence.pad_sequences(x_train, maxlen=maxlen)
x_test = sequence.pad_sequences(x_test, maxlen=maxlen)
```

数据处理完成后就可以搭建模型了。首先使用嵌入层作为模型的第一层，将输入的 20 000 维的文字向量转换为 128 维的稠密向量。接着就是利用 LSTM 模型进行文本序列的深度学习训练。最终使用全连接层加上 Sigmoid 激活函数作为最终的判断输出。搭建完毕后还需要为模型设置编译的损失函数和优化器。

```
model = Sequential()
model.add(Embedding(max_features, 128))
model.add(LSTM(128, dropout=0.2, recurrent_dropout=0.2))
model.add(Dense(1, activation='sigmoid'))

model.compile(loss='binary_crossentropy',
              optimizer='adam',
              metrics=['accuracy'])
```

然后就可以训练和评估情感分析的模型了。在 Keras 的帮助下，通过简单的几步就可以完成基于深度学习的文本情感分析的任务。

```
model.fit(x_train, y_train,
          batch_size=batch_size,
          epochs=15,
          validation_data=(x_test, y_test))
score, acc = model.evaluate(x_test, y_test,
                            batch_size=batch_size)
print('Test score:', score)
print('Test accuracy:', acc)
```

在使用 Keras 框架训练完模型以后，可以通过 Keras 的 save 方法将模型保存下来。为了能够更好地让机器学习投入真实世界的应用中去，我们可以为模型封装一个外部的应用程序。在互联网时代，使用网络接入 AI 模型是对于用户来说成本最低的方式。为此我们可以搭建一个基于 Web 的 AI 应用程序，将模型投入生产环境中为互联网用户提供即时的网页服务。在 Python 中常用的 Web 编程框架是 Flask，它是一个非常流行的 Python 服务端程序框架，相比于在 Python 领域非常流行的 Django，它的特点在于更为精简，去除了一些封装好的服务，只保留了最基本的服务器程序，而其余的扩展可以通过用户自己添加第三方包实现。

2.4 本章小结

本章为大家梳理了学习生成对抗网络知识的必备编程工具，要掌握的面向机器学习领域必备的 Python 语言编程知识以及常用的工具及框架。重点介绍了深度学习领域的 TensorFlow 框架与 Keras 框架，并对每个框架给出了具体的实例。读者在阅读和实践后应该可以初步上手这两个框架，如果需要更进一步地掌握相关知识，需要到官网了解详细信息。

第 3 章

理解生成对抗网络

"What I cannot create, I do not understand."

—— 理查德·费曼，美国理论物理学家

3.1 生成模型

3.1.1 生成模型简介

1. 什么是生成模型

在开始介绍生成对抗网络之前，我们先看一下什么是生成模型。在概率统计理论中，生成模型是指能够在给定某些隐含参数的条件下随机生成观测数据的模型，它给观测值和标注数据序列指定一个联合概率分布。在机器学习中，生成模型可以用来直接对数据建模，例如根据某个变量的概率密度函数进行数据采样，也可以用来建立变量间的条件概率分布，条件概率分布可以由生成模型根据贝叶斯定理形成。

如图 3-1 所示为生成模型的概念示意图，对于输入的随机样本能够产生我们期望数据分布的生成数据。举一个例子，一个生成模型可以通过视频的某一帧预测出下一帧的输出。另一个例子是搜索引擎，在输入的同时，搜索引擎已经在推断你可能搜索的内容了。可以发现，生成模型的特点在于学习训练数据，并根据训练数据的特点来产生特定分布的输出数据。

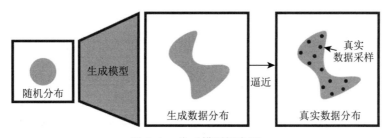

图 3-1　生成模型概念图

对于生成模型来说，可以分为两个类型，第一种类型的生成模型可以完全表示出数据确切的分布函数。第二种类型的生成模型只能做到新数据的生成，而数据分布函数则是模糊的。本书讨论的生成对抗网络属于第二种，第二种类型生成新数据的功能也通常是大部分生成模型的主要核心目标。

2. 生成模型的作用是什么

生成模型做的事情似乎就是为了产生那些不真实的数据，那我们究竟为何要研究生成模型呢？

虽说生成模型的功能在于生成假数据，但在科学界和工业界中确实可以起到各种各样的作用。Ian 在 NIPS2016 的演讲中给出了很多生成模型的研究意义所在 [2]。

首先，生成模型具备了表现和处理高维度概率分布的能力，而这种能力可以有效运用在数学或工程领域。其次，生成模型，尤其是生成对抗网络可以与强化学习领域相结合，形成更多有趣的研究。此外，生成模型亦可通过提供生成数据来优化半监督式学习。

当然，生成模型也已经在业内有了非常多的应用点，比如将生成模型用于超高解析度成像，可以将低分辨率的照片还原成高分辨率，此类应用非常有用，对于大量不清晰的老照片，我们可以采用这项技术加以还原，或者对于各类低分辨率的摄像头等，也可以在不更换硬件的情况下提升其成像能力。

使用生成模型进行艺术创作也是非常流行的一种应用方式，可以通过用户交互的方式，输入简单的内容从而产生艺术作品的创作。

此外还有图像到图像的转换、文字到图像的转换等。这些内容都非常有趣，不仅可以应用于工业与学术领域，也可应用于消费级市场。更多关于应用方面的详细介绍会在本书的后半部分中展开详述。

3.1.2 自动编码器

我们已经清楚了生成模型其实要做的事情就是让机器学习大量的训练数据,从而具备能够产生同类型新数据的能力。那现在我们来看一下,究竟有哪些方法可以实现上述功能呢?从本小节开始,我们来看一下实际可用的生成模型。

首先在这里介绍一个叫作自动编码器(auto-encoder)的方法。自动编码器是一种神经网络模型,该模型的最初意义是为了能够对数据进行压缩。如图 3-2 所示是一个标准的自动编码器,它的基本结构是一个多层感知器的神经网络,从输入层到输出层之间有多个隐含层,它的结构特点在于输入层与输出层拥有相同的节点数量,中间编码层的节点数量需要小于输入层与输出层的节点数。

该网络结构希望能够在输出层产生的数据 X' 良好地还原出输入层的数据 X,由于中间的编码层数据 z 拥有的维度数量低于输入层与输出层的维度,所以如果输出层可以还原输入层,相当于对输入数据进行了降维,也就是前面所说的数据压缩。

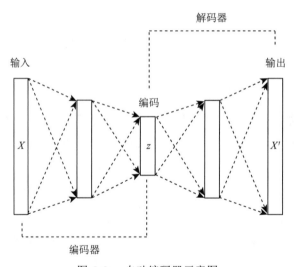

图 3-2   自动编码器示意图

在自动编码器中,我们把输入层到编码层的网络部分(也就是整个神经网络的前半部分)称为编码器,把编码层到输出层的网络部分(图 3-2 中后半部分)称为解码器。编码器可以实现数据的压缩,将高维度数据压缩成低维度数据,解码器则可以将压缩数据还原成原始数据,当然由于对数据进行了降维处理,所以在还原的过程中数据会有一些损失。

　　自动编码器的训练过程需要将编码器与解码器绑定在一起进行训练，训练数据一般是无标签数据，因为我们会把数据本身作为它自身的标签。大致训练过程的伪代码参见伪代码 3-1：

伪代码 3-1　　自动编码器训练过程
while 循环输入数据 X **do**
前向传输通过所有隐含层，得到输出层数据 X'；
计算 X' 与 X 的偏差程度；
反向传输误差值，从而更新网络参数；
end while

　　除了数据压缩的功能以外，研究人员也使用自动编码器来实现生成模型的功能。当我们使用如上训练过程对自动编码器进行了某类型数据的训练后，编码器与解码器分别具备了此类型数据的编码 / 解码能力。在训练之后，我们可以单独使用解码器作为生成模型，在编码层输入任意数据，解码器都可以产生对应的生成数据。

　　图 3-3 展示的是自动编码器在手写数字数据集上的应用，可以看到原始输入数据的手写数字"2"在经过编码器后形成了一组压缩形式的编码，而这项编码经过解码器之后输出了一个与原始数据非常接近的输出图像，虽然有些许模糊，但是基本还原了手写数字"2"的形态。

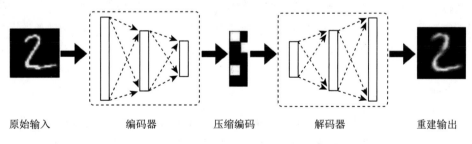

原始输入　　　　　编码器　　　　压缩编码　　　　解码器　　　　重建输出

图 3-3　自动编码器在手写数据集上的应用

　　如图 3-3 所示，在生成模型的应用中我们仅使用模型的后半部分，当我们对解码器输入任意编码时，解码器会给出相应的输出数据。由于受到训练数据集的限制，生成的数据往往也是和输入数据相关的内容。

我们可以在网络上找到自动编码器的具体实现方法，比如 Keras 的官方博客⊖给出了自动编码器在 Keras 上的实现，本书不做过多介绍。

自动编码器看起来似乎是生成模型的一个不错的实现方案，但是在实际使用中存在很多问题，导致自动编码器其实并不太适合用来做数据生成，现在的自动编码器网络结构仅仅能够记录数据，除了通过编码器以外无法产生任何隐含编码（latent code）来生成数据，如图 3-4 所示。

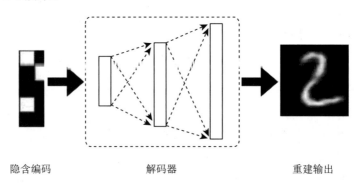

隐含编码　　　　　　　　　　解码器　　　　　　　　　重建输出

图 3-4　　生成模型的应用

还是以手写数字数据集作为例子，对于每一个手写数字我们会产生一个相应的编码，当我们对解码器输入相应的编码时往往能够很好地还原出当时的手写数字，然而当我们对解码器输入一个训练集中未出现过的编码时，可能会发现输出的内容居然是噪声，也就是说和手写数字数据集完全没有关系。这不是我们想要的结果，我们希望生成模型能够对于任意的输入编码产生有相关意义的数据。针对这个问题，研究人员提出了自动编码器的升级版本——变分自动编码器（Variational Auto-Encoder，VAE）。

3.1.3　变分自动编码器

相比于普通的自动编码器，变分自动编码器（VAE）其实才算得上是真正的生成模型。

为了解决前文中叙述的自动编码器存在的不能通过新编码生成数据的问题，VAE 在普通的自动编码器上加入了一些限制，要求产生的隐含向量能够遵循高斯分布，这个限制帮助自动编码器真正读懂训练数据的潜在规律，让自动编码器能够学习到输入数据的隐含变量模型。如果说普通自动编码器通过训练数据学习到的是某个确定的函数的

⊖ https://blog.keras.io/building-autoencoders-in-keras.html

话，那么 VAE 希望能够基于训练数据学习到参数的概率分布。

我们可以通过图 3-5 看一下 VAE 具体的实现方法，在编码阶段我们将编码器输出的结果从一个变成两个，两个向量分别对应均值向量和标准差向量。通过均值向量和标准差向量可以形成一个隐含变量模型，而隐含编码向量正是通过对于这个概率模型随机采样获得的。最终我们通过解码器将采样获得的隐含编码向量还原成原始图片。

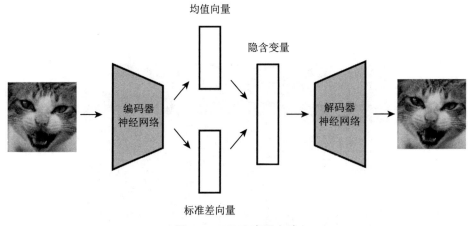

图 3-5 VAE 实现方法

在实际的训练过程中，我们需要权衡两个问题，第一个是网络整体的准确程度，第二个是隐含变量是否可以很好地吻合高斯分布。对应这两个问题也就形成了两个损失函数：第一个是描述网络还原程度的损失函数，具体的方法是求输出数据与输入数据之间的均方距离；第二个是隐含变量与高斯分布相近程度的损失函数。

在这里我们需要介绍一个概念，叫作 KL 散度（Kullback-Leibler divergence），也可以称作相对熵。KL 散度的理论意义在于度量两个概率分布之间的差异程度，当 KL 散度越高的时候，说明两者的差异程度越大；而当 KL 散度低的时候，则说明两者的差异程度越小。如果两者相同的话，则该 KL 散度应该为 0。这里我们正是采用了 KL 散度来计算隐含变量与高斯分布的接近程度。

下面的公式代码将两个损失函数相加，由 VAE 网络在训练过程中决定如何调节这两个损失函数，通过优化这个整体损失函数来使得模型能够达到最优的结果。

$$generation\_loss = mean(square(generated\_image - real\_image)) \qquad (3-1)$$

$$latent\_loss = KL-Divergence(latent\_variable, unit\_gaussian) \qquad (3-2)$$

$$\text{loss} = \text{generation\_loss} + \text{latent\_loss} \qquad (3\text{-}3)$$

在使用了 VAE 以后，生成数据就显得非常简单了，我们只需要从高斯分布中随机采样一个隐含编码向量，然后将其输入解码器即可生成全新的数据。如果将手写数字数据集编码成二维数据，我们可以尝试将二维数据能够生成的数据在平面上展现出来，如图 3-6 所示是从二位数据 $(-15, -15)$ 到 $(15, 15)$ 之间数据点生成的数据，可以看到随着隐含编码的变化，手写数字也会逐渐从左下角的手写数字 0 逐渐演变成右上角的手写数字 1。

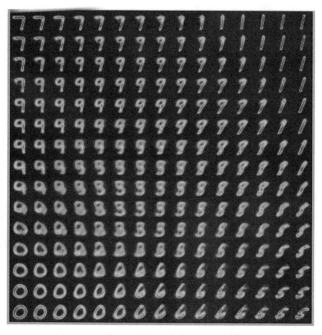

图 3-6　隐含编码与对应生成之间的关系

当然 VAE 也存在缺陷，VAE 的缺点在于训练过程中最终模型的目的是使得输出数据与输入数据的均方误差最小化，这使得 VAE 其实本质上并非学会了如何生成数据，而是更倾向于生成与真实数据更为接近的数据，甚至于为了让数据越接近越好，模型基本会复制真实数据。

为了解决 VAE 的缺点，也为了让生成模型更加优秀，就让我们请出本书的主角——生成对抗网络（GAN）。让我们来看一下 GAN 究竟是什么，是通过什么样的方法来实现生成模型的建立的。

3.2　GAN 的数学原理

3.2.1　最大似然估计

为了理解生成对抗网络的基本原理，我们首先要讨论一下最大似然估计，看它是如何运用在生成模型上的。在最大似然估计中，我们首先会对真实训练数据集定义一个概率分布函数 $P_{\text{data}}(x)$，其中的 x 相当于真实数据集中的某个数据点。

同样地，为了逼近真实数据的概率分布，我们也会为生成模型定义一个概率分布函数 $P_{\text{model}}(x;\theta)$，这个分布函数也是通过参数变量 θ 定义的。在实际的计算过程中，我们希望改变参数 θ，从而使得生成模型概率分布 $P_{\text{model}}(x;\theta)$ 能够逼近真实数据概率分布 $P_{\text{data}}(x)$。

当然在实际运算中，我们是无法知道 $P_{\text{data}}(x)$ 的形式的，我们唯一可以做的是从真实数据集中采样大量的数据，也就是说从 $P_{\text{data}}(x)$ 中取出 $\{x^1, x^2, \cdots, x^m\}$，通过这些真实的样本数据，我们计算对应的生成模型概率分布 $P_{\text{model}}(x^{(i)};\theta)$。上述的 $\{x^1, x^2, \cdots, x^m\}$ 也就是所谓的训练集，例如当我们希望生成模型能够生成猫咪的图片，那要做的就是先从互联网上找出大量的真实猫咪图片作为训练集。

现在根据训练数据集可以写出概率函数，通过所有的真实样本计算出在生成模型中的概率并全部进行相乘。

$$L = \prod_{i=1}^{m} p_{\text{model}}(x^{(i)};\theta) \tag{3-4}$$

现在最大似然估计的目标是通过上面这个概率的式子，寻找出一个 θ^* 使得 L 最大化。这样做的实际含义是指，在给出真实训练集的前提下，我们希望生成模型能够在这些数据上具备最大的概率，这样才说明我们的生成模型在给出的训练集上能够逼近真实数据的概率分布。

相比于连乘，这里使用求和运算更简单一些，所以我们对所有的 $p_{\text{model}}(x^{(i)};\theta)$ 取一个对数，把相乘转化为相加。

$$\theta^* = \arg \max_{\theta} \prod_{i=1}^{m} p_{\text{model}}(x^{(i)};\theta) \tag{3-5}$$

$$= \arg\max_{\theta} \log \prod_{i=1}^{m} p_{\text{model}}(x^{(i)}; \theta) \tag{3-6}$$

$$= \arg\max_{\theta} \sum_{i=1}^{m} \log p_{\text{model}}(x^{(i)}; \theta) \tag{3-7}$$

对于上述公式，我们可以把求和近似转化为求 $\log p_{\text{model}}(x; \theta)$ 的期望值，然后我们可以推导出积分的形式。

$$\theta^* = \arg\max_{\theta} E_{x \sim p_{\text{data}}} \log p_{\text{model}}(x; \theta) \tag{3-8}$$

$$= \arg\max_{\theta} \int p_{\text{data}}(x) \log p_{\text{model}}(x, \theta) \mathrm{d}x \tag{3-9}$$

我们可以通过图 3-7 去理解上面的推导过程，假设我们的训练数据是满足高斯分布的一维数据，最终训练后的生成模型概率分布应该能够满足尽可能多的训练样本点。

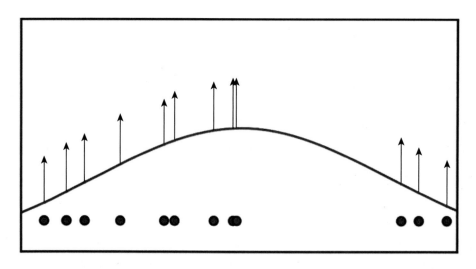

图 3-7   生成模型概率分布

在推导出上述积分公式后，我们在不影响求解的情况下在式 (3-9) 的基础上减去一个与 θ 没有关系的常数项 $\int p_{\text{data}}(x) \log p_{\text{data}}(x) \mathrm{d}x$，如下面的推导所示，我们需要找到一个 θ^* 使得下面的推导结果最小。

$$\theta^* = \arg\max_{\theta} \left(\int p_{\text{data}}(x) \log p_{\text{model}}(x; \theta) \mathrm{d}x - \int p_{\text{data}}(x) \log p_{\text{data}}(x) \mathrm{d}x \right) \tag{3-10}$$

$$= \underset{\theta}{\arg\max} \int p_{\text{data}}(x)(\log p_{\text{model}}(x;\theta) - \log p_{\text{data}}(x))\mathrm{d}x \tag{3-11}$$

$$= \underset{\theta}{\arg\max} \int p_{\text{data}}(x) \log \frac{p_{\text{model}}(x;\theta)}{p_{\text{data}}(x)}\mathrm{d}x \tag{3-12}$$

$$= \underset{\theta}{\arg\min} \int p_{\text{data}}(x) \log \frac{p_{\text{data}}(x)}{p_{\text{model}}(x;\theta)}\mathrm{d}x \tag{3-13}$$

之前我们在介绍 VAE 的时候提到了 KL 散度，它是一种计算概率分布之间相似程度的计算方法。现在我们来看一下 KL 散度的公式，我们设定两个概率分布分别为 P 和 Q，在假定为连续随机变量的前提下，它们对应的概率密度函数分别为 $p(x)$ 和 $q(x)$，我们可以写出如下公式：

$$\text{KL}(P\|Q) = \int p(x) \log \frac{p(x)}{q(x)}\mathrm{d}x \tag{3-14}$$

从式 (3-14) 可以看出，当且仅当 $P = Q$ 时，$\text{KL}(P\|Q) = 0$。此外我们也可以发现 KL 散度具备非负的特性，即 $\text{KL}(P\|Q) \geqslant 0$。但是从公式中我们也可以发现，KL 散度不具备对称性，也就是说 P 对于 Q 的 KL 散度并不等于 Q 对于 P 的 KL 散度。

在特定情况下，通常是 P 用以表示数据的真实分布，而 Q 则表示数据的模型分布或是近似分布。那么让我们来对比一下之前推导的公式与 KL 散度，可以发现是完全一致的，那么我们可以继续将公式推导成 KL 散度的形式：

$$\theta^* = \underset{\theta}{\arg\min} \text{KL}(p_{\text{data}}(x)\|p_{\text{model}}(x;\theta)) \tag{3-15}$$

我们希望最小化真实数据分布与生成模型分布之间的 KL 散度，从而使得生成模型尽可能接近真实数据的分布。在实际实践中，我们是几乎不可能知道真实数据分布 $P_{\text{data}}(x)$ 的，而是需要使用训练数据形成的经验分布逼近真实数据分布 $P_{\text{data}}(x)$。

在实践中我们会发现使用最大似然估计方法的生成模型通常会比较模糊，原因是一般的简单模型无法使得 $p_{\text{model}}(x;\theta)$ 真正逼近真实数据分布，因为真实数据是非常复杂的。为了模拟复杂分布，解决方法是采用神经网络（例如 GAN）去实现 $p_{\text{model}}(x;\theta)$，可以把简单分布映射成几乎任何复杂的分布。

Ian 在 NIPS2016 的文章中给出了基于似然估计的生成模型分类，如图 3-8 所示。

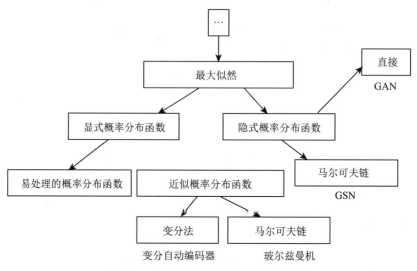

图 3-8   基于似然估计的生成模型分类

图 3-8 中说明了基于似然估计的生成模型可以分为两个主要分支，一类是显式模型，另一类是隐式模型，两者的核心差别在于生成模型是否需要计算出一个明确的概率分布密度函数。在大部分情况下，研究生成模型的目的往往在于生成数据，我们对于分布密度函数是什么样的可能并没有太大的兴趣。本书的主角 GAN 属于后者，它解决了很多现有模型存在的问题，比如计算复杂度高、难以扩展到高维度等，当然它也引出了很多新的问题亟待研究者去解决。

3.2.2   GAN 的数学推导

从之前几节我们可以了解到，生成模型会从一个输入空间将数据映射到生成空间，写成公式的形式是 $x = G(z)$。通常我们的输入 z 会满足一个简单形式的随机分布，比如高斯分布或者均匀分布等，为了使得生成空间的数据分布能够尽可能地逼近真实数据分布，生成函数 G 会是一个神经网络的形式，通过神经网络我们可以模拟出各种完全不同的分布类型。

虽然我们可以清楚知道前置输入数据 z 的概率分布函数，但在经过一个神经网络的情况下我们难以计算最终的生成空间分布 $P_{\text{model}}(x)$，这样就无法计算 3.2.1 节中的概率函数 L。

现在我们来看一下生成对抗网络是如何解决这个问题的。

首先看一下生成对抗网络中的代价函数，以判别器 D 为例，代价函数写作 $J^{(D)}$，形式如下所示。后面我们会解释使用这种形式的原因。

$$J^{(D)}(\theta^{(D)}, \theta^{(G)}) = -\frac{1}{2}E_{x \sim P_{\text{data}}} \log D(x) - \frac{1}{2}E_{x \sim P_z} \log(1 - D(G(z))) \tag{3-16}$$

对于生成器来说，它和判别器是紧密相关的，我们可以把两者看作一个零和博弈，它们的代价综合应该是零，所以生成器的代价函数应满足如下等式。

$$J^{(G)} = -J^{(D)} \tag{3-17}$$

这样一来，我们可以设置一个价值函数 V 来表示 $J^{(G)}$ 和 $J^{(D)}$。

$$V(\theta^{(D)}, \theta^{(G)}) = E_{x \sim P_{\text{data}}} \log D(x) + E_{x \sim P_z} \log(1 - D(G(z))) \tag{3-18}$$

$$J^{(D)} = -\frac{1}{2}V(\theta^{(D)}, \theta^{(G)}) \tag{3-19}$$

$$J^{(G)} = \frac{1}{2}V(\theta^{(D)}, \theta^{(G)}) \tag{3-20}$$

我们现在把问题变成了需要寻找一个合适的 $V(\theta^{(D)}, \theta^{(G)})$，使得 $J^{(G)}$ 和 $J^{(D)}$ 都尽可能小，也就是说对于判别器而言，$V(\theta^{(D)}, \theta^{(G)})$ 越大越好，而对于生成器来说，则是 $V(\theta^{(D)}, \theta^{(G)})$ 越小越好，从而形成了两者之间的博弈关系。

在博弈论中，博弈双方的决策组合会形成一个纳什平衡点（Nash equilibrium），在这个博弈平衡点下博弈中的任何一方将无法通过自身的行为而增加自己的收益。这里有一个经典的囚徒困境例子来进一步说明纳什平衡。两名囚犯被警方分开单独审讯，他们被告知的信息如下：如果一方招供而另一方不招供，则招供的一方将可以立即释放，而另一方会被判处 10 年监禁；如果双方都招供的话，每个人都被判处两年监禁；如果双方都不招供，则每个人都仅被判半年监禁。两名囚犯由于无法交流，必须做出对自己最有利的选择，从理性角度出发，选择招供是个人的最优决策，对方做出任何决定对于招供方都会是一个相对较好的结果，我们称这样的平衡为纳什平衡点。

在生成对抗网络中，我们要计算的纳什平衡点正是要寻找一个生成器 G 与判别器 D，使得各自的代价函数最小，从上面的推导中也可以得出我们希望找到一个 $V(\theta^{(D)}, \theta^{(G)})$，使其对于生成器来说最小而对于判别器来说最大，我们可以把它定义成一个寻找极大极小值的问题，公式如下所示。

$$\arg \min_{G} \max_{D} V(D, G) \tag{3-21}$$

我们可以用图形化的方法去理解一下这个极大极小值的概念，一个很好的例子就是鞍点（saddle point），如图 3-9 所示，即在一个方向是函数的极大值点，而在另一个方向是函数的极小值点。

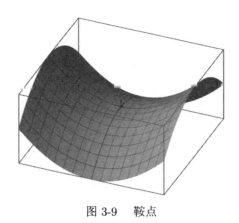

图 3-9　鞍点

在上面公式的基础上，我们可以分别求出理想的判别器 D^* 和生成器 G^*。

$$D^* = \arg \max_{D} V(D, G) \quad G^* = \arg \min_{G} \max_{D} V(D, G) = \arg \min_{G} V(D^*, G) \tag{3-22}$$

下面我们先来看一下如何求出理想的判别器，对于上述的 D^*，我们假定生成器 G 是固定的，令式子中的 $G(z) = x$。推导如下。

$$V = E_{x \sim P_{\text{data}}} \log D(x) + E_{x \sim P_z} \log(1 - D(G(z))) \tag{3-23}$$

$$= E_{x \sim P_{\text{data}}} \log D(x) + E_{x \sim P_g} \log(1 - D(x)) \tag{3-24}$$

$$= \int p_{\text{data}}(x) \log D(x) \mathrm{d}x + \int p_g(x) \log(1 - D(x)) \mathrm{d}x \tag{3-25}$$

$$= \int p_{\text{data}}(x) \log D(x) + p_g(x) \log(1 - D(x)) \mathrm{d}x \tag{3-26}$$

我们现在的目标是希望寻找一个 D 使得 V 最大，希望积分中的项 $f(x) = p_{\text{data}}(x) \log D(x) + p_g(x) \log(1 - D(x))$ 无论 x 取何值都能最大。其中，我们已知 p_{data} 是固定的，之前我们也假定生成器 G 固定，所以 p_g 也是固定的，所以可以很容易地求出 D 使得 $f(x)$ 最大。我们假设 x 固定，$f(x)$ 对 $D(x)$ 求导等于零，下面是求解 $D(x)$ 的推导。

$$\frac{\mathrm{d}f(x)}{\mathrm{d}D(x)} = \frac{p_{\text{data}}(x)}{D(x)} - \frac{p_g(x)}{1-D(x)} = 0 \tag{3-27}$$

最终我们求得 $D^*(x)$ 的形式如下所示。

$$D^*(x) = \frac{p_{\text{data}}(x)}{p_{\text{data}}(x) + p_g(x)} \tag{3-28}$$

可以看出它是一个范围在 0~1 的值,这也符合我们判别器的模式,理想的判别器在接收到真实数据时应该判断为 1,而对于生成数据则应该判断 0。当生成数据分布与真实数据分布非常接近时,应该输出的结果为 $\frac{1}{2}$。

找到了 D^* 之后,我们来推导一下生成器 G^*。现在先把 $D^*(x)$ 代入前面的积分式子中重新表示 $\max\limits_{D} V(G,D)$。

$$\max\limits_{D} V(G,D) = V(G,D^*) \tag{3-29}$$

$$= \int p_{\text{data}}(x) \log D^*(x)\mathrm{d}x + \int p_g(x) \log(1-D^*(x))\mathrm{d}x \tag{3-30}$$

$$= \int p_{\text{data}}(x) \log \frac{p_{\text{data}}(x)}{p_{\text{data}}(x) + p_g(x)}\mathrm{d}x + \int p_g(x) \log \frac{p_g(x)}{p_{\text{data}}(x) + p_g(x)}\mathrm{d}x \tag{3-31}$$

到了这一步,我们需要先介绍一个定义——Jensen-Shannon 散度,这里简称 JS 散度。在概率统计中,JS 散度也和前面提到的 KL 散度一样具备了测量两个概率分布相似程度的能力,它的计算是基于 KL 散度的,继承了 KL 散度的非负性等,但一点重要的区别是,JS 散度具备了对称性。JS 散度的公式如下,我们还是以 P 和 Q 作为例子,另外我们设定 $M = \frac{1}{2}(P+Q)$,KL 为 KL 散度公式。

$$\text{JSD}(P||Q) = \frac{1}{2}\text{KL}(P||M) + \frac{1}{2}\text{KL}(Q||M) \tag{3-32}$$

如果我们把 KL 的公式代入展开的话,结果如下。

$$\text{JSD}(P||Q) = \frac{1}{2}\int p(x) \log \frac{p(x)}{\frac{p(x)+q(x)}{2}}\mathrm{d}x + \frac{1}{2}\int q(x) \log \frac{q(x)}{\frac{p(x)+q(x)}{2}}\mathrm{d}x \tag{3-33}$$

现在我们回到之前的式子 $\max\limits_{D} V(G,D)$,可以把它转化成 JS 散度的形式。

$$\max\limits_{D} V(G,D) = -\log(4) + \text{KL}\left(p_{\text{data}}||\frac{p_{\text{data}}+p_g}{2}\right) + \text{KL}\left(p_g||\frac{p_{\text{data}}+p_g}{2}\right) \tag{3-34}$$

$$= -\log(4) + 2 \times \mathrm{JSD}(p_{\text{data}}\|p_g) \tag{3-35}$$

对于上面的 $\max\limits_{D} V(G,D)$，由于 JS 散度是非负的，当且仅当 $p_{\text{data}} = p_g$ 时，上式可以取得全局最小值 $-\log(4)$。所以我们要求的最优生成器 G^*，正是要使得 G^* 的分布 $p_g = p_{\text{data}}$。

到此为止，我们已经看到了生成对抗网络在数学理论上是如何成立的，在第 4 章的开始部分会介绍实际操作中是如何实现上述构想的。

3.3　GAN 的可视化理解

本节我们用一个可视化概率分布的例子来更深入地认识一下 GAN。Ian 的原文 [1] 中给出了这样一个 GAN 的可视化实现的例子。图 3-10 中的点线为真实数据分布，实线为生成数据样本，在这个例子中的目标在于，让实线（也就是生成数据的分布）逐渐逼近点线（代表的真实数据分布）。

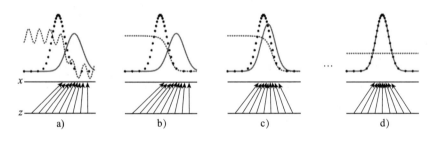

图 3-10　GAN 可视化理解

虚线为 GAN 中的判别器，在实验中我们赋予了它初步区分真实数据与生成数据的能力，并对于它的划分性能加上一定的白噪音，使得模拟环境更为真实。输入域为 z（图 3-10 中下方的直线），在这个例子里默认为一个均匀分布的数据，生成域为 x（图 3-10 中上方的直线）为不均匀分布数据，通过生成函数 $x = G(z)$ 形成一个映射关系，正如图 3-10 中的那些箭头所示，将均匀分布的数据映射成非均匀数据。

从图 3-10a～图 3-10b 的四张图可以展现出整个 GAN 的运作过程。在图 3-10a 中，可以说是一种初始的状态，生成数据与真实数据还有比较大的差距，判别器具备初步划分是否为真实数据的能力，但是由于存在噪声，效果仍有缺陷。图 3-10b 中，通过使用两类标签数据对于判别器的训练，判别器 D 开始逐渐向一个比较完善的方向收敛，最终呈现出图中的结果，最终判别器的形式为 $D(z) = \dfrac{p_{\text{data}}(x)}{p_{\text{data}}(x) + p_g(x)}$。当判别器逐渐完美后，我们开始迭代生成器 G，如图 3-10c 所示。通过判别器 D 的倒数梯度方向作为指导，我们让生成数据向真实数据的分布方向移动，让生成数据更容易被判别器判断为真实数据。在经过上述一系列训练过程后，生成器与判别器会进入图 3-10d 所示的最终状态，此时 p_g 会非常逼近甚至完全等于 p_{data}，当达到理想的 $p_g = p_{\text{data}}$ 时，D 与 G 都已经无法再更进一步优化了，此时 G 生成的数据已经达到了我们的预期，能够完全模拟出真实数据的分布，而 D 在这个状态下已经无法分辨两种数据分布（因为它们完全相同），此时 $D(x) = \dfrac{1}{2}$。

GAN Lab$^{\ominus}$是佐治亚理工学院的可视化团队开发的一款帮助理解 GAN 工作原理的可视化工具（见图 3-11），读者可以登录该网站体验 GAN 训练的动态过程。在训练中随着迭代次数的上升，生成器所产生的样本分布会逐渐逼近真实数据的分布，整个过程非常直观明了。

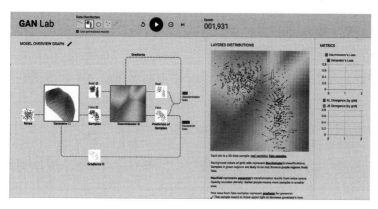

图 3-11　GAN Lab 可视化工具

3.4　GAN 的工程实践

之前几节我们了解了 GAN 的设计原理。但是实际是如何实现的呢？在这一节中我们会详细介绍 GAN 的实践方法以及代码的编写 [3]。

$\ominus$ https://github.com/poloclub/ganlab

从之前的数学推导中我们知道，我们要做的是优化下面的式子。

$$V = E_{x \sim P_{\text{data}}} \log D(x) + E_{x \sim P_z} \log(1 - D(G(z))) \tag{3-36}$$

计算公式中的期望值可以等价于计算真实数据分布与生成数据分布的积分，在实践中我们使用采样的方法来逼近期望值。

首先我们从前置的随机分布 $p_g(z)$ 中取出 m 个随机数 $\{z^{(1)}, z^{(2)}, \cdots, z^{(m)}\}$，其次我们再从真实数据分布 $p_{\text{data}}(x)$ 中取出 m 个真实样本 $\{x^{(1)}, x^{(2)}, \cdots, x^{(m)}\}$。我们使用平均数代替式 (3-36) 中的期望，公式改写如下。

$$V = \frac{1}{m} \sum_{i=1}^{m} [\log D(x^{(i)}) + \log(1 - D(G(z^{(i)})))] \tag{3-37}$$

在 GAN 的原始论文中给出了完整的伪代码（见伪代码 3-2），其中 θ_d 为判别器 D 的参数，θ_g 为生成器 G 的参数。

伪代码 3-2　基础 GAN 的伪代码实现（其中对于判别器会迭代 k 次，k 为超参数，大多数情况下可以使 $k = 1$）

---

for 训练的迭代次数 **do**

　for 重复 k 次 **do**

　　从生成器前置随机分布 $p_g(z)$ 取出 m 个小批次样本 $z^{(1)}, \cdots, z^{(m)}$；

　　从真实数据分布 $p_{\text{data}}(x)$ 取出 m 个小批次样本 $x^{(1)}, \cdots, x^{(m)}$；

　　使用随机梯度下降更新判别器参数；

$$\nabla_{\theta,d} \frac{1}{m} \sum_{i=1}^{m} \left[\log D\left(x^{(i)}\right) + \log\left(1 - D\left(G\left(z^{(i)}\right)\right)\right) \right]$$

　end for

　从生成器前置随机分布 $p_g(z)$ 取出 m 个小批次样本 $z^{(1)}, \cdots, z^{(m)}$；

　使用随机梯度下降更新生成器参数；

$$\nabla_{\theta} \frac{1}{m} \sum_{i=1}^{m} \log\left(1 - D\left(G\left(z^{(i)}\right)\right)\right)$$

end for

该伪代码每次迭代过程中的前半部分为训练判别器的过程，后半部分为训练生成器。对于判别器，我们会训练 k 次来更新参数 θ_d，在论文的实验中研究者把 k 设为 1，

使得实验成本最小。生成器每次迭代中仅更新一次,如果更新多次,可能无法使得生成数据分布与真实数据分布的 JS 散度距离下降。

下面我们尝试使用 TensorFlow 来实现 3.3 节中 GAN 训练过程的可视化。

作为准备工作,我们引入对应的模块,为了支持一些旧的接口,我们在这里使用 TensorFlow 2 的 v1 兼容模块进行引入。

```
import numpy as np
from scipy.stats import norm
import tensorflow.compat.v1 as tf
import matplotlib.pyplot as plt
tf.disable_v2_behavior()
```

首先我们需要设置真实数据样本的分布,这里设置均值为 3,方差为 0.5 的高斯分布。

```
class DataDistribution(object):
    def __init__(self):
        self.mu = 3
        self.sigma = 0.5

    def sample(self, N):
        samples = np.random.normal(self.mu, self.sigma, N)
        samples.sort()
        return samples
```

接着设定生成器的初始化分布,这里设定的是平均分布。

```
class GeneratorDistribution(object):
    def __init__(self, range):
        self.range = range

    def sample(self, N):
        return np.linspace(-self.range, self.range, N) + \
            np.random.random(N) * 0.01
```

使用下面的代码设置一个最简单的线性运算函数,用于后面的生成器与判别器。

```
def linear(input, output_dim, scope=None, stddev=1.0):
    norm = tf.random_normal_initializer(stddev=stddev)
    const = tf.constant_initializer(0.0)
    with tf.variable_scope(scope or 'linear'):
        w = tf.get_variable('w',[input.get_shape()[1],output_dim], initializer=norm)
        b = tf.get_variable('b', [output_dim], initializer=const)
        return tf.matmul(input, w) + b
```

基于该线性运算函数，我们可以完成简单的生成器和判别器代码。

```python
def generator(input, h_dim):
    h0 = tf.nn.softplus(linear(input, h_dim, 'g0'))
    h1 = linear(h0, 1, 'g1')
    return h1


def discriminator(input, h_dim):
    h0 = tf.tanh(linear(input, h_dim * 2, 'd0'))
    h1 = tf.tanh(linear(h0, h_dim * 2, 'd1'))
    h2 = tf.tanh(linear(h1, h_dim * 2, 'd2'))
    h3 = tf.sigmoid(linear(h2, 1, 'd3'))
    return h3
```

设置优化器，这里使用的是学习率衰减的梯度下降方法。

```python
def optimizer(loss, var_list, initial_learning_rate):
    decay = 0.95
    num_decay_steps = 150
    batch = tf.Variable(0)
    learning_rate = tf.train.exponential_decay(
        initial_learning_rate,
        batch,
        num_decay_steps,
        decay,
        staircase=True
    )
    optimizer = tf.train.GradientDescentOptimizer(learning_rate).minimize(
        loss,
        global_step=batch,
        var_list=var_list
    )
    return optimizer
```

下面搭建 GAN 模型类的代码，除了初始化参数之外，其中核心的两个函数分别是模型的创建和模型的训练。

```python
class GAN(object):
    def __init__(self, data, gen, num_steps, batch_size, log_every):
        self.data = data
        self.gen = gen
        self.num_steps = num_steps
        self.batch_size = batch_size
        self.log_every = log_every
```

```
        self.mlp_hidden_size = 4
        self.learning_rate = 0.03
        self._create_model()

    def _create_model(self):
        ......

    def train(self):
        ......
```

创建模型。这里需要创建预训练判别器 D_pre、生成器 Generator 和判别器 Discriminator，按照之前的公式定义生成器和判别器的损失函数 loss_g 与 loss_d 以及它们的优化器 opt_g 与 opt_d，其中 D1 与 D2 分别代表真实数据与生成数据的判别。

```
    def _create_model(self):

        with tf.variable_scope('D_pre'):
            self.pre_input = tf.placeholder(tf.float32, shape=(self.batch_size, 1))
            self.pre_labels = tf.placeholder(tf.float32, shape=(self.batch_size, 1))
            D_pre = discriminator(self.pre_input, self.mlp_hidden_size)
            self.pre_loss = tf.reduce_mean(tf.square(D_pre - self.pre_labels))
            self.pre_opt = optimizer(self.pre_loss, None, self.learning_rate)

        with tf.variable_scope('Generator'):
            self.z = tf.placeholder(tf.float32, shape=(self.batch_size, 1))
            self.G = generator(self.z, self.mlp_hidden_size)

        with tf.variable_scope('Discriminator') as scope:
            self.x = tf.placeholder(tf.float32, shape=(self.batch_size, 1))
            self.D1 = discriminator(self.x, self.mlp_hidden_size)
            scope.reuse_variables()
            self.D2 = discriminator(self.G, self.mlp_hidden_size)

        self.loss_d = tf.reduce_mean(-tf.log(self.D1) - tf.log(1 - self.D2))
        self.loss_g = tf.reduce_mean(-tf.log(self.D2))

        self.d_pre_params = tf.get_collection(tf.GraphKeys.TRAINABLE_VARIABLES, scope='
            D_pre')
        self.d_params = tf.get_collection(tf.GraphKeys.TRAINABLE_VARIABLES, scope='
            Discriminator')
        self.g_params = tf.get_collection(tf.GraphKeys.TRAINABLE_VARIABLES, scope='
            Generator')
```

```
        self.opt_d = optimizer(self.loss_d, self.d_params, self.learning_rate)
        self.opt_g = optimizer(self.loss_g, self.g_params, self.learning_rate)
```

训练模型的代码如下所示，首先需要预先训练判别器 D_pre，然后将训练后的参数共享给判别器 Discriminator。接着就可以正式训练生成器 Generator 与判别器 Discriminator 了。

```
def train(self):
    with tf.Session() as session:
        tf.global_variables_initializer().run()

        # pretraining discriminator
        num_pretrain_steps = 1000
        for step in range(num_pretrain_steps):
            d = (np.random.random(self.batch_size) - 0.5) * 10.0
            labels = norm.pdf(d, loc=self.data.mu, scale=self.data.sigma)
            pretrain_loss, _ = session.run([self.pre_loss, self.pre_opt], {
                self.pre_input: np.reshape(d, (self.batch_size, 1)),
                self.pre_labels: np.reshape(labels, (self.batch_size, 1))
            })
        self.weightsD = session.run(self.d_pre_params)
        for i, v in enumerate(self.d_params):
            session.run(v.assign(self.weightsD[i]))

        for step in range(self.num_steps):
            # update discriminator
            x = self.data.sample(self.batch_size)
            z = self.gen.sample(self.batch_size)
            loss_d, _ = session.run([self.loss_d, self.opt_d], {
                self.x: np.reshape(x, (self.batch_size, 1)),
                self.z: np.reshape(z, (self.batch_size, 1))
            })

            # update generator
            z = self.gen.sample(self.batch_size)
            loss_g, _ = session.run([self.loss_g, self.opt_g], {
                self.z: np.reshape(z, (self.batch_size, 1))
            })

            if step % self.log_every == 0:
                print('{}:{}\t{}'.format(step, loss_d, loss_g))
            if step % 100 == 0 or step==0 or step == self.num_steps -1 :
                self._plot_distributions(session)
```

可视化代码如下，使用对数据进行采样的方式来展示生成数据与真实数据的分布。

```python
def _samples(self, session, num_points=10000, num_bins=100):
    xs = np.linspace(-self.gen.range, self.gen.range, num_points)
    bins = np.linspace(-self.gen.range, self.gen.range, num_bins)

    # data distribution
    d = self.data.sample(num_points)
    pd, _ = np.histogram(d, bins=bins, density=True)

    # generated samples
    zs = np.linspace(-self.gen.range, self.gen.range, num_points)
    g = np.zeros((num_points, 1))
    for i in range(num_points // self.batch_size):
        g[self.batch_size * i:self.batch_size * (i + 1)] = session.run(self.G, {
            self.z: np.reshape(
                zs[self.batch_size * i:self.batch_size * (i + 1)],
                (self.batch_size, 1)
            )
        })
    pg, _ = np.histogram(g, bins=bins, density=True)
    return pd, pg


def _plot_distributions(self, session):
    pd, pg = self._samples(session)
    p_x = np.linspace(-self.gen.range, self.gen.range, len(pd))
    f, ax = plt.subplots(1)
    ax.set_ylim(0, 1)
    plt.plot(p_x, pd, label='Real Data')
    plt.plot(p_x, pg, label='Generated Data')
    plt.title('GAN Visualization')
    plt.xlabel('Value')
    plt.ylabel('Probability Density')
    plt.legend()
    plt.show()
```

最后设置主函数用于运行项目，分别设置好迭代次数、批次数量以及希望展示可视化的间隔，这里的设置分别为 1200、12 和 10。

```python
def main(args):
    model = GAN(
        DataDistribution(),
        GeneratorDistribution(range=8),
        1200, #num_steps
```

```
    12, #batch_size
    10, #log_every
)
model.train()
```

运行过程中我们会分别看到图 3-12～ 图 3-14 的几个阶段，GAN 的生成器从平均分布开始会逐渐逼近最终的高斯分布，实现生成数据与真实数据分布的重合。

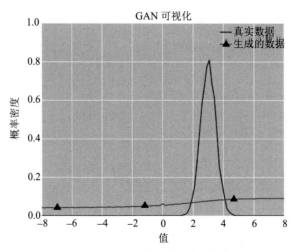

图 3-12　GAN 可视化初始阶段状态

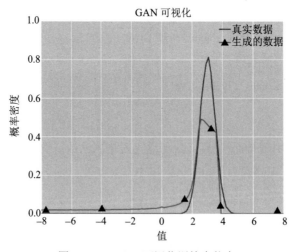

图 3-13　GAN 可视化训练中状态

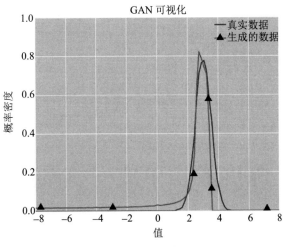

图 3-14 GAN 可视化最终状态

3.5 本章小结

本章首先为大家介绍了生成模型的概念,并说明了两个比较基础的生成模型自动编码器和差分自编码器,从而也引出了本书的主角 GAN。在 3.2 节中用详细的数学原理与推导过程阐述了 GAN 的运行原理。在此基础上,通过可视化的方式更清晰地说明了GAN 的工作过程,并在最后使用 TensorFlow 的项目代码实现了一个最简单的 GAN 并重现了上述的可视化过程。

第4章

深度卷积生成对抗网络

前面介绍了生成对抗网络的基本实现方法,但在实际运用中我们很少会直接使用最基础的版本。在本章我们来看一下实际工程应用中广泛使用的架构——深度卷积生成对抗网络(DCGAN)。

4.1 DCGAN 的框架

4.1.1 DCGAN 设计规则

DCGAN 的创始论文 "Unsupervised Representation Learning with Deep Convolutional Generative Adversarial Networks" [4] 发表于 2015 年,文章在 GAN 的基础之上提出了全新的 DCGAN 架构,该网络在训练过程中状态稳定,并可以有效实现高质量的图片生成及相关的生成模型应用。由于其具有非常强的实用性,在它之后的大量 GAN 模型都是基于 DCGAN 改良的版本。

为了使 GAN 能够很好地适应卷积神经网络架构,DCGAN 提出了四点架构设计规则,分别是:

- 使用卷积层替代池化层。
- 去除全连接层。
- 使用批归一化(batch normalization)。
- 使用恰当的激活函数。

下面我们详细说明一下这四点。

第一点是把传统卷积网络中的池化层全部去除，使用卷积层代替。对于判别器，我们使用步长卷积（strided convolution）来代替池化层；对于生成器，我们使用分数步长卷积（fractional-strided convolutions）来代替池化层。图 4-1 和图 4-2 分别是步长卷积与分数步长卷积的图形化解释。[5]

图 4-1 表示了卷积层如何在判别器中进行空间下采样（spatial downsampling），输入数据为 5×5 的矩阵，使用了 3×3 的过滤器，步长为 2×2，最终输出为 3×3 的矩阵。

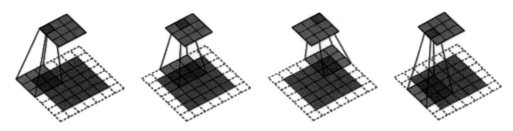

图 4-1　步长卷积示意图

图 4-2 表示的是卷积层在生成器中进行上采样（spatial upsampling），输入为 3×3 的矩阵，同样使用了 3×3 过滤器，反向步长为 2×2，故在每个输入矩阵的点之间填充一个 0，最终输出为 5×5。

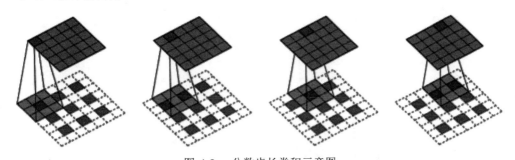

图 4-2　分数步长卷积示意图

使用上述卷积层替代池化层的目的是让网络自身去学习空间上采样与下采样，使得判别器和生成器都能够有效具备相应的能力。

第二点设计规则是去除全连接层。目前的研究趋势中我们会发现非常多的研究都在试图去除全连接层，常规的卷积神经网络往往会在卷积层最后添加全连接层用以输出最终向量，但我们知道全连接层的缺点在于参数过多，当神经网络层数深了以后，运算速度会变得非常慢，此外全连接层也会使得网络容易过度拟合。有研究使用了全局平均池化（global average pooling）来替代全连接层，可以使得模型更稳定，但也影响了收敛速度。论文中说的一种折中方案是将生成器的随机输入直接与卷积层特征输入进行连接，同样地，对于判别器的输出层也是与卷积层的输出特征连接，具体的操作会在后面的框架结构介绍中说明。

第三点设计规则是使用批归一化。由于深度学习的神经网络层数很多，每一层都会使得输出数据的分布发生变化，随着层数的增加，网络的整体偏差会越来越大。批归一化的目标则是解决这一问题，通过对每一层的输入进行归一化处理，能够有效使得数据服从某个固定的数据分布。

下面是批归一化论文中给出的实现方法，输入的批次为 $B = \{x_1 \cdots m\}$，其中需要学习的参数为 γ, β，最终输出为 $\{y_i = BN_{\gamma,\beta}(x_i)\}$。其中最后一步的线性变换是希望网络能够在归一化的基础上还原原始输入。

$$\mu_{\mathcal{B}} \leftarrow \frac{1}{m} \sum_{i=1}^{m} x_i \tag{4-1}$$

$$\sigma_{\mathcal{B}}^2 \leftarrow \frac{1}{m} \sum_{i=1}^{m} (x_i - \mu_B)^2 \tag{4-2}$$

$$\hat{x}_i \leftarrow \frac{x_i - \mu_B}{\sqrt{\sigma_B^2 + \epsilon}} \tag{4-3}$$

$$y_i \leftarrow \gamma \hat{x}_i + \beta \equiv BN_{\gamma,\beta}(x_i) \tag{4-4}$$

最后一点是对于激活函数的设计。激活函数的作用是在神经网络中进行非线性变换，下面先介绍几种神经网络中常用的激活函数。

Sigmoid 函数是一种非常常用的激活函数，公式为 $\sigma(x) = \dfrac{1}{1 + \mathrm{e}^{-x}}$。如图 4-3 所示，该函数的取值范围在 0 到 1 之间，当 x 大于 0 时输出结果会趋近于 1，而当 x 小于 0 时输出结果趋向于 0，由于函数的特性，经常用作 0-1 二分类的输出端。但是 Sigmoid 函数有两个比较大的缺陷：其一是当输入数据很大或很小的时候，函数的梯度几乎接近于 0，这对神经网络在反向传播中的学习非常不利；其二是 Sigmoid 函数的均值不是 0，这使得神经网络的训练过程中只会产生全正或全负的反馈。

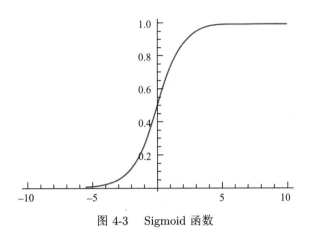

图 4-3　Sigmoid 函数

Tanh 函数把数据压缩到 −1 到 1 的范围，解决了 Sigmoid 函数均值不为 0 的问题，所以在实践中通常 Tanh 函数都优于 Sigmoid 函数。在数学形式上 Tanh 只是对 Sigmoid 的一个缩放变形，公式为 $\tanh(x) = 2\sigma(2x) - 1$，图 4-4 为 Tanh 函数的展示图。

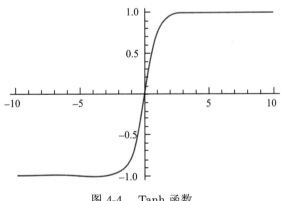

图 4-4　Tanh 函数

ReLU（The Rectified Linear Unit）函数是最近几年非常流行的激活函数，它的计算公式非常简单，即 $f(x) = \max(0, x)$，如图 4-5 所示。它有几个明显的优点，首先是计算公式非常简单，不用像上面介绍的两个激活函数的计算那么复杂，其次是它被发现在随机梯度下降中比 Sigmoid 和 Tanh 更加容易使得网络收敛。但 ReLU 的问题在于，ReLU 在训练中可能会导致出现某些神经元永远无法更新的情况。其中一种对 ReLU 的改进方式是 LeakyReLU，该方法与 ReLU 不同的是，在 $x < 0$ 时取 $f(x) = \alpha x$，其中 α 是一个非常小的斜率（例如 0.01）。这样的修改可以使得当 $x < 0$ 时也不会使得反向

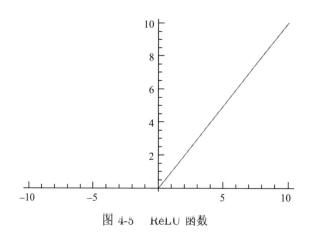

图 4-5　ReLU 函数

传导时的梯度消失。

　　DCGAN 网络框架中，生成器和判别器使用了不同的激活函数来设计。生成器中使用 ReLU 函数，但对于输出层使用了 Tanh 激活函数，因为研究者在实验中观察到使用有边界的激活函数可以让模型更快地进行学习，并能快速覆盖色彩空间。而在判别器中对所有层均使用 LeakyReLU，在实际使用中尤其适用于高分辨率的图像判别模型。这些激活函数的选择是研究者在多次的实验测试中得出的结论，可以有效使得 DCGAN 得到最优的结果。

4.1.2　DCGAN 框架结构

　　图 4-6 所示是 DCGAN 生成器 G 的架构图，输入数据为 100 维的随机数据 z，服从范围在 $[-1,1]$ 的均匀分布，经过一系列分数步长卷积后，最后形成一幅 64×64×3 的 RGB 图片，与训练图片大小一致。

　　对于判别器 D 的架构，基本是生成器 G 的反向操作，如图 4-7 所示。输入层为 64×64×3 的图像数据，经过一系列卷积层降低数据的维度，最终输出的是一个二分类数据。

　　下面是训练过程中的一些细节设计：① 对于用于训练的图像数据样本，仅将数据缩放到 $[-1,1]$ 的范围内，这也是 Tanh 的取值范围，并不做任何其他处理。② 模型均采用 Mini-Batch 大小为 128 的批量随机梯度下降方法进行训练。权重的初始化使用满足均值为 0、方差为 0.02 的高斯分布的随机变量。③ 对于激活函数 LeakyReLU，其中 Leak 的部分设置斜率为 0.2。④ 训练过程中使用 Adam 优化器进行超参数调优。学习率使用 0.000 2,动量 β_1 取值 0.5,使得训练更加稳定。

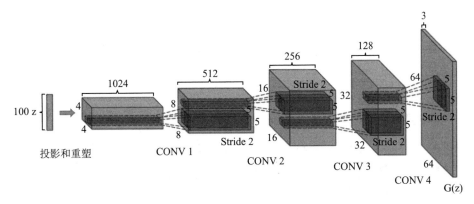

图 4-6   DCGAN 生成器架构图

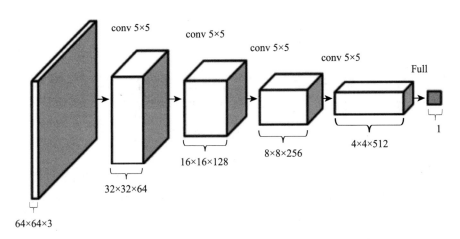

图 4-7   DCGAN 判别器架构图

4.2 DCGAN 的工程实践

本节中我们尝试使用 Keras 框架来实现一下最基本的生成对抗网络 [6]。首先让我们来认识一下基础数据集 MNIST(Modified National Institute of Standards and Technology),在本书之后的内容中也会大量使用这个数据集。

之前我们大量提及了手写数字数据集,在这里让我们来重点介绍一下这个 MNIST

数据集。MNIST 数据集的数据内容如图 4-8 所示,是手写的阿拉伯数字,范围从 0 到 9。在大量的机器学习框架中,都会默认自带这样一个数据库,用于对于开发模型进行标签训练与测试。常规的 MNIST 测试集中包含了 60 000 组训练图片与 10 000 组测试图片。

我们希望生成对抗网络能够在 MNIST 数据集的基础上自动生成手写数字的图像,并且希望能够和手写的效果尽量保持一致。

图 4-8   MNIST 数据集

下面我们使用 Keras 来搭建一个 DCGAN 的类,首先定义基础的信息:

- 由于是黑白图像,所以通道数为 1,输入图片的尺寸为 $(28, 28, 1)$。
- 输入的隐含编码的维度是 100 维。
- 定义生成器函数。
- 定义判别器函数。
- 定义训练函数。

```
from tensorflow.keras.datasets import mnist
from tensorflow.keras.layers import Input, Dense, Reshape, Flatten, Dropout,
    BatchNormalization, Activation, ZeroPadding2D, LeakyReLU, UpSampling2D, Conv2D
from tensorflow.keras.models import Sequential, Model
from tensorflow.keras.optimizers import Adam

class DCGAN():
    def __init__(self):
```

```
    # Input shape
    self.img_rows = 28
    self.img_cols = 28
    self.channels = 1
    self.img_shape = (self.img_rows, self.img_cols, self.channels)
    self.latent_dim = 100

        ......

def build_generator(self):
    ......

def build_discriminator(self):
    ......

def train(self, epochs, batch_size=128, save_interval=50):
    ......
```

根据 DCGAN 的设计搭建生成器：

- 使用上采样加卷积层来代替池化层。
- 中间不包含全连接层。
- 加入批归一化。
- 生成器中的激活函数使用 ReLU 函数，输出层使用了 Tanh。

```
def build_generator(self):

    model = Sequential()

    model.add(Dense(128 * 7 * 7, activation="relu", input_dim=self.latent_dim))
    model.add(Reshape((7, 7, 128)))
    model.add(UpSampling2D())
    model.add(Conv2D(128, kernel_size=3, padding="same"))
    model.add(BatchNormalization(momentum=0.8))
    model.add(Activation("relu"))
    model.add(UpSampling2D())
    model.add(Conv2D(64, kernel_size=3, padding="same"))
    model.add(BatchNormalization(momentum=0.8))
    model.add(Activation("relu"))
    model.add(Conv2D(self.channels, kernel_size=3, padding="same"))
    model.add(Activation("tanh"))

    model.summary()
```

```
noise = Input(shape=(self.latent_dim,))
img = model(noise)

return Model(noise, img)
```

根据 DCGAN 的设计构建判别器：

- 使用步长为 2 的卷积层来替代池化层。
- 中间不包含全连接层。
- 添加批归一化。
- 激活函数使用 LeakyReLU，斜率为 0.2。

```
def build_discriminator(self):

    model = Sequential()

    model.add(Conv2D(32, kernel_size=3, strides=2, input_shape=self.img_shape,
        padding="same"))
    model.add(LeakyReLU(alpha=0.2))
    model.add(Dropout(0.25))
    model.add(Conv2D(64, kernel_size=3, strides=2, padding="same"))
    model.add(ZeroPadding2D(padding=((0,1),(0,1))))
    model.add(BatchNormalization(momentum=0.8))
    model.add(LeakyReLU(alpha=0.2))
    model.add(Dropout(0.25))
    model.add(Conv2D(128, kernel_size=3, strides=2, padding="same"))
    model.add(BatchNormalization(momentum=0.8))
    model.add(LeakyReLU(alpha=0.2))
    model.add(Dropout(0.25))
    model.add(Conv2D(256, kernel_size=3, strides=1, padding="same"))
    model.add(BatchNormalization(momentum=0.8))
    model.add(LeakyReLU(alpha=0.2))
    model.add(Dropout(0.25))
    model.add(Flatten())
    model.add(Dense(1, activation='sigmoid'))

    model.summary()

    img = Input(shape=self.img_shape)
    validity = model(img)

    return Model(img, validity)
```

完成其他设置：

- 优化器使用的是 Adam，根据之前的说明，学习率使用 0.000 2，动量 β_1 取值 0.5。
- 分别设置好判别器与生成器的目标函数、优化器与评估标准，其中要注意的是训练生成器时需要将判别器与生成器相连，这时需要将判别器设置为不可训练模式，仅优化生成器的参数。

```python
class DCGAN():
    def __init__(self):

            ......

        optimizer = Adam(0.0002, 0.5)

        # 构建并编译判别器
        self.discriminator = self.build_discriminator()
        self.discriminator.compile(loss='binary_crossentropy',
            optimizer=optimizer,
            metrics=['accuracy'])

        # 构建生成器
        self.generator = self.build_generator()

        # 生成器接受的输入是随机噪音，并输出图片
        z = Input(shape=(100,))
        img = self.generator(z)

        # 判别器输入的是图片，并判断是否有效
        self.discriminator.trainable = False
        valid = self.discriminator(img)

        # 整合两个模型，在训练过程中要求能够让生成器的图片骗过判别器
        self.combined = Model(z, valid)
        self.combined.compile(loss='binary_crossentropy', optimizer=optimizer)

    def build_generator(self):
        ......

    def def build_discriminator(self):
        ......
```

```
def train(self, epochs, batch_size=128, save_interval=50):
    ......
```

训练部分代码：

- 从 MNIST 中载入数据。
- 将输入数据缩放到 $[-1, 1]$ 的范围内。
- 训练的过程和 GAN 一样，先用生成数据与真实数据训练判别器，而后用随机输入和训练好的判别器来训练生成器。

```python
def train(self, epochs, batch_size=128):

    # 加载数据
    (X_train, _), (_, _) = mnist.load_data()

    # 尺度变换
    X_train = X_train / 127.5 - 1.
    X_train = np.expand_dims(X_train, axis=3)

    valid = np.ones((batch_size, 1))
    fake = np.zeros((batch_size, 1))

    for epoch in range(epochs):

        # 训练判别器

        idx = np.random.randint(0, X_train.shape[0], batch_size)
        imgs = X_train[idx]

        noise = np.random.normal(0, 1, (batch_size, self.latent_dim))
        gen_imgs = self.generator.predict(noise)

        d_loss_real = self.discriminator.train_on_batch(imgs, valid)
        d_loss_fake = self.discriminator.train_on_batch(gen_imgs, fake)
        d_loss = 0.5 * np.add(d_loss_real, d_loss_fake)

        # 训练生成器

        g_loss = self.combined.train_on_batch(noise, valid)

        # 打印 d_loss and g_loss

        print("D loss: %s, G loss: %s"%(d_loss, g_loss))
```

在经过同样训练的 3000 个 epoch 之后，我们可以对比一下传统的 GAN 与 DCGAN 在 MNIST 上的生成效果，如图 4-9 所示。

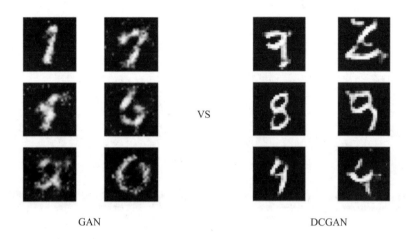

图 4-9 GAN 与 DCGAN 在 3000 个 epoch 之后的生成效果比较

DCGAN 的研究者也使用了三种数据集对网络进行测试，分别为 LSUN 室内数据集、人脸数据集、Imagenet-1K 数据集。图 4-10～ 图 4-12 分别是 DCGAN 在这三个数据集上的生成结果。

图 4-10 LSUN 室内数据集在 5 个 epoch 后的生成结果（见彩插）

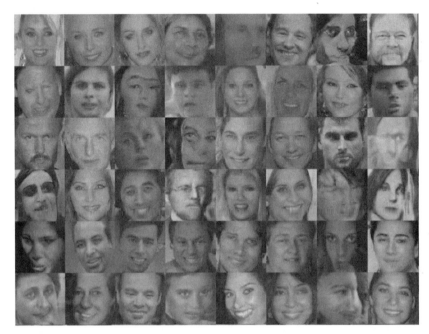

图 4-11 人脸数据集生成结果

图 4-12 Imagenet-1K 数据集生成结果

4.3　DCGAN 的实验性应用

4.3.1　生成图像的变换

研究者除了对 DCGAN 做了基础的模型评估分析，还做了很多有意思的实验。首先，研究者发现了图像的隐含空间（Latent Space），随着输入 Z 的不断变换，输出的图像会平滑地转变成另一幅景象。可以参看图 4-13 所示的卧室室内图的变化，每一行从左面第一张平滑迁移到右边，第六行从一个没有窗的卧室逐步转变成一个有大窗的卧室，从第十行可以看到卧室中的电视逐渐转变为窗户。

图 4-13　DCGAN 中卧室室内图的变化（见彩插）

其次，研究者对 DCGAN 网络内部层进行了可视化。我们知道传统的有监督式的 CNN 网络通常在中间层中能够学习到某些事物的特征，而在无监督式的 DCGAN 在基

于大量图片数据进行训练后同样能够学习到很多有趣的特征。如图 4-14 所示是 GAN
网络中判别器在训练后卷积层学习到的特征的可视化，其中可以隐约看出已经有了卧室
中床和窗户的样子。

图 4-14   DCGAN 网络内部可视化

为了研究这些特征在生成器中的作用，研究者故意把生成器中对应"窗户"的 filter
去除了，得到的结果非常有意思，原来应该生成窗户的地方，最终生成的图像中都使用
其他物品进行了替换。图 4-15 中第一行是未经修改的生成模型产出的图片，第二行是
移除了"窗户"filter 层生成的对应图片，可以发现被修改后的生成器在不影响整体卧
室场景的情况下悄悄地把窗户从画面中抹去了。更多的实验表明，如果我们移除其他特
征的 filter，同样可以达到对应的效果。

图 4-15   不同 filter 的生成效果比较

4.3.2　生成图像的算术运算

还有一个有趣的研究是对于图像的算术运算。这里要引出的一个类似概念是"词嵌入"，所谓词嵌入是指将单词映射到一个低维度连续向量空间中的技术，用词嵌入技术构成的词向量在空间中具备了一定的语义关系，含义比较接近的词在词向量空间中的距离会比较近一些。一个比较直观的例子是下面这个词向量计算式。

$$\text{Vector("King")} - \text{Vector("Man")} + \text{Vector("Woman")} = \text{Vector("Queen")} \qquad (4\text{-}5)$$

此外，谷歌的 TensorFlow 网站中有一个 Embedding Projector 的项目[○]，可以实际感受词向量的可视化展示。

词向量计算的思路可否放到图像上呢？如果不使用 GAN 技术的话，最容易想到的方案应该是直接使用像素作为向量进行计算，但从图 4-16 所示的实验结果中可以发现，最终的效果其实是不好的，最后的计算结果基本无法分辨。

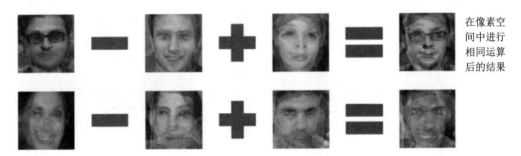

在像素空间中进行相同运算后的结果

图 4-16　基于像素的图像算术运算

我们可以发现在生成对抗网络的生成器中其实已经有了输入向量和输出图像的对应关系，我们可以把这个向量作为图像的向量表示，如图 4-17 和图 4-18 所示的两个例子，一个是带笑脸的女人减去普通表情的女人再加上普通表情的男人，最后得到带笑脸的男人的图像，另一个是戴墨镜的男人减去不戴墨镜的男人加上不戴墨镜的女人最后得到戴墨镜女人的图像。可以发现通过这样的图像算数计算，我们可以实现非常多有意思的功能。

此外，基于上述方法，我们还可以进行图像演变的制作，当我们把某个图像的向量线性转换成另一个图像的向量时，对应的图像也会逐渐转移，如图 4-19 所示，整体的转移过程也非常流畅。

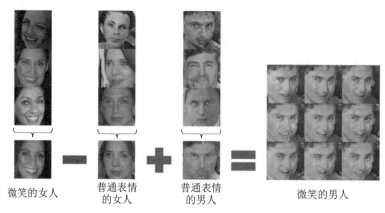

微笑的女人   普通表情   普通表情   微笑的男人
            的女人   的男人

图 4-17   基于 DCGAN 的表情图像算数运算

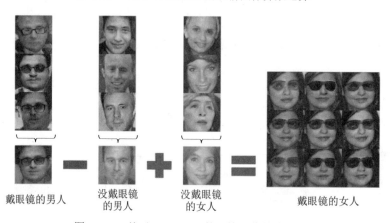

戴眼镜的男人   没戴眼镜   没戴眼镜   戴眼镜的女人
              的男人   的女人

图 4-18   基于 DCGAN 的眼镜图像算术运算

图 4-19   DCGAN 中的图像线性转变

4.3.3 残缺图像的补全

另一篇 DCGAN 的补充论文 [7] 里提出了图像补全的概念，对于一张丢失某一部分的图像，人类可以依靠自己的想象力知道完整的图像大概是什么样子的，通过 DCGAN 的方法，机器也可以在一定程度上做到这一点。

研究者使用了名人头像数据库（CelebA），其中包含 202 599 张头像图片，最终的实验效果如图 4-20 所示，每行包含五张图片：第一列是数据库原始图片；第二列是随机去除 80% 像素点的图片；第三张是使用补全方法对第二列修复的结果；第四列是原始数据中间被扣掉一大块的图片；第五列是使用补全方法对第四列修复的结果。

图 4-20　使用 DCGAN 进行图像补全

要使用生成网络补全图像需要满足两个条件：第一个条件是使用 DCGAN 在经过大量头像数据训练后能够生成骗过判别器的照片；第二个条件是生成图像与原图像未丢失部分的差值要尽量最小。

论文中给出了两个损失函数。第一个损失函数是与丢失信息图片相关的上下文损失（contextual loss），它的定义是生成图片与原始图片在未丢失区域的差距大小，下面的式子中 M 相当于一个遮罩，也就是说在这个损失函数中我们只考虑未丢失图片的区域。

$$L_{\text{contextual}}(z) = \| M \odot G(z) - M \odot Y \| \tag{4-6}$$

第二个损失函数是 DCGAN 本身的感知损失（perceptual loss），这是对于 DCGAN 本身在大量人脸数据集上训练的损失函数，与之前 GAN 中生成器的损失函数一致。

$$L_{\text{perceptual}}(z) = \log(1 - D(G(z))) \tag{4-7}$$

最终完整的损失函数与计算结果分别为

$$L(z) = L_{\text{contextual}}(z) + \lambda L_{\text{perceptual}}(z) \tag{4-8}$$

$$\hat{z} = \arg\min_{\lambda} L(z) \qquad (4\text{-}9)$$

其中 λ 是超参数，用来调节两个损失函数的重要程度，$\hat{z}$ 是我们要求的生成器输入，图片补全公式如下。

$$x_{\text{reconstructed}} = M \odot Y + (1 - M) \odot G(\hat{z}) \qquad (4\text{-}10)$$

论文对比了多种方案与 DCGAN 的补全方法，在效果展示中确实优于其他方法，图 4-21 是对比了随机丢失像素的图片补全。第一列为原始图片，第二列为随机丢失像素后的图片，第三列是使用 DCGAN 进行补全的结果，第四列和第五列分别使用了 TV minimimization 和 low rank minimization。后面两种方法的效果是非常模糊的，远远不及 DCGAN 的效果。

图 4-21　随机丢失像素的图像补全对比

图 4-22 是对中间镂空图片补全的比较。第一列是原始图片，第二列是中间镂空的图片，第三列为 DCGAN 的补全结果，第四列是使用了数据库中最接近数据补全的方法。可以看出使用了 DCGAN 的结果更为自然，而其他结果则有明显的拼接痕迹。

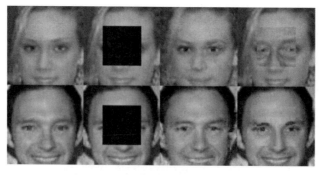

图 4-22　中间镂空的图像补全对比

4.4 本章小结

DCGAN 是在 GAN 的基础上建立的第一个被广泛使用的图像生成网络,本章从它的整体设计出发,详细阐述了 DCGAN 的设计规则与框架结构。其次通过 Keras 代码实现了一整套 DCGAN 的模型,并在手写数字数据集上进行训练,最终取得了优于传统 GAN 的生成效果。在最后一节中,介绍了 DCGAN 论文中提出的一些实验性应用,这也使得 GAN 真正进入了应用领域。

第 5 章

Wasserstein GAN

5.1　GAN 的优化问题

虽然之前提出的 GAN 在理论上似乎很不错，但研究者也发现在训练 GAN 的过程中会出现很多问题，其中最大的问题来源于训练的不稳定性。在理论上，我们应该优先尽可能地把判别器训练好，但实际操作时会发现，判别器训练得越好，生成器反而越难优化。

研究者在研究过程中也提出了一系列问题 [8]：

- 究竟是什么原因导致了判别器越好而生成器更新越差呢？
- 为何我们训练 GAN 时会这么不稳定？
- 是否会有和 JS 散度类似的代价函数可以使用？是否效果会更好一些？
- 有没有能够避免这些问题的方法？

我们首先来看一些理论知识。从理论和经验上来说，真实数据的分布通常是一个低维度流形（manifold）。所谓流形，其实是指数据虽然分布在高维度空间里，但实际上数据并不具备高维度特性，而是存在于一个嵌入在高维度的低维度空间里。拿三维空间举例，如图 5-1 所示的三维空间上的数据点，本质上存在于一个二维平面，只是以卷曲的形式存在于三维空间中。

现在让我们来看一下之前的生成器，生成器做的事情是把一个低维度的空间 Z 映射到与真实数据相同的高维度空间上，而我们希望做的事情是把生成的这个低维度流形尽可能地逼近真实数据的流形。

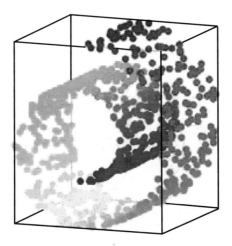

图 5-1　三维中的流形（见彩插）

从理论上我们可以知道，如果真实数据与生成数据在空间上完全不相交，则可以得到一个判别器来完美地划分真实数据与生成数据。此外，如果生成数据分布与真实数据分布在低维度上没有一部分能够完美地全维度重合，或者说它们的交集在高维度上测度为 0，那依然会存在完美的判别器能够完美划分数据。

在实践中，生成数据和真实数据在空间中完美重合的概率是非常低的，所以几乎大部分情况下我们都可以找到一个完美的判别器，将生成数据和真实数据加以划分。也就是说这会导致在网络训练的反向传播中，梯度更新几乎等于零，也就是说网络很难在这个过程中学到任何东西。

对于真实数据分布 P_r 和生成数据分布 P_g，如果满足上述无法全维度重合的情况，则可以根据之前学习的 KL 散度公式和 JS 散度公式计算出以下结果。

$$
\begin{aligned}
\mathrm{JSD}\left(P_r \| P_g\right) &= \log 2 \\
\mathrm{KL}\left(P_r \| P_g\right) &= +\infty \\
\mathrm{KL}\left(P_g \| P_r\right) &= +\infty
\end{aligned}
\tag{5-1}
$$

从公式中可以发现，只要生成数据与真实数据没有交集，或者说低维度流形的重叠处在全维度上测度为零，那么无论两者在空间上非常接近还是非常遥远，它们的 JS 散度始终为一个常数 log2，而它们之间的 KL 散度永远都为正无穷。有的时候可能生成器的表现已经非常好了，和真实数据非常逼近，但是上述 JS 散度和 KL 散度依然是同样的结果。

从这些推导中我们得出了一个可能的结论，就是采用这些散度公式来计算两者的相似度似乎并不是一个非常好的主意，我们很难通过这些散度公式来优化网络，也许我们需要寻找一个更合适的方法来计算相似度距离。

此外，如果上面的情况成立，那么判别器会训练得非常好，这也导致了生成器的梯度消失问题。也就是说当我们的判别器 D 在逼近完美判别器 D^* 的时候，生成器优化的梯度会有一个非常小的上界，并且无限接近于 0。公式形式如下。

$$\lim_{\|D-D^*\|\to 0} \nabla_\theta E_{z\sim p(z)}\left[\log\left(1 - D\left(g_\theta(z)\right)\right)\right] = 0 \tag{5-2}$$

图 5-2 所示是实验结果，研究者分别对 DCGAN 训练 1 个、10 个和 25 个 epoch，可以看出梯度快速下降，最好的情况在 4000 次迭代以后也下降了 5 个数量级。

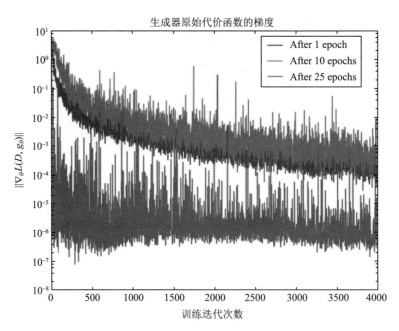

图 5-2   DCGAN 的梯度消失问题（见彩插）

为了避免上面的梯度消失问题，有一个方案是对生成器换一个不同的梯度函数，如下式所示。

$$\Delta\theta = \nabla_\theta E_{z\sim p(z)}\left[-\log D\left(g_\theta(z)\right)\right] \tag{5-3}$$

通过修改梯度函数确实可以有效避免梯度消失的问题,但是在实际操作中会发现这个梯度函数会导致网络更新不稳定。从图 5-3 中可以看到,随着训练迭代次数的上升,梯度上升非常快,同时曲线的噪声也在变大,也就是说梯度的方差也在增加,这也会导致样本质量低。

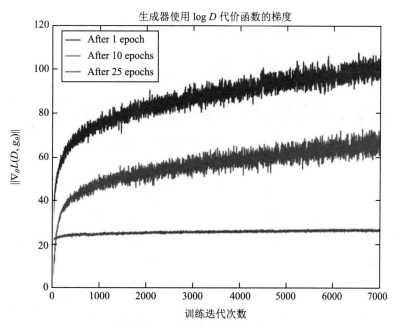

图 5-3 DCGAN 的网络更新不稳定示意图(见彩插)

那么还有什么方法可以解决训练不稳定或者梯度消失问题呢?另一个方案是对判别器的输入人为地加入一个随机的噪声。在实践中我们会发现,当生成数据分布与真实数据分布很接近时,加入了随机噪声可以使得两者的低维流形产生重合的概率更大,从而使得 JS 散度的计算值下降,进而有效优化网络参数。但是这样的方案存在的问题是,当生成数据与真实数据本身的相似度距离较远时,添加噪声的方案可能就无效了。

在下一节中我们会看到一个更好的方案:使用 Wasserstein 距离计算生成数据和真实数据的差别,以此代替 JS 散度和 KL 散度,从而有效地解决前面所说的梯度消失以及训练不稳定的问题。

5.2　WGAN 的理论研究

在本节中，我们会对比一下之前提到的几种不同的分布距离公式 [9]，比如 KL 距离、JS 距离，从而引出 WGAN 的 Wasserstein 距离以及它的优势。

对于真实数据分布 P_r 与生成数据分布 P_g，我们可以给出以下几种分布距离公式，用来描述两个分布之间的相似程度。

首先是总变差距离（total variation distance），它的数学含义是 P_r 与 P_g 在区间范围内数值变化的差值的综合，公式如下所示。

$$\delta(P_r, P_g) = \sup_{A \in \Sigma} |P_r(A) - P_g(A)| \tag{5-4}$$

其次是 KL 散度，公式如下。KL 散度是非对称的，也就是说 $\mathrm{KL}(P_r\|P_g) \neq \mathrm{KL}(P_g\|P_r)$，同时当 $P_g(x) = 0$ 且 $P_r(x) > 0$ 时，KL 散度的值为无穷大。

$$\mathrm{KL}(P_r\|P_g) = \int \log\left(\frac{P_r(x)}{P_g(x)}\right) P_r(x)\mathrm{d}\mu(x) \tag{5-5}$$

然后是 JS 散度，其中 $P_m = (P_r + P_g)/2$。与 KL 散度不同的是 JS 散度具有对称性。

$$\mathrm{JSD}(P_r, P_g) = \mathrm{KL}(P_r\|P_m) + \mathrm{KL}(P_g\|P_m) \tag{5-6}$$

最后是本节的主角——Wasserstein 距离 [10]，也称作 EM 距离（Earth-Mover distance），公式如下。其中 $\prod(P_r, P_g)$ 是指真实数据与生成数据的联合概率分布。

$$W(P_r, P_g) = \inf_{\gamma \in \Pi(P_r, P_g)} E_{(x,y)\sim\gamma}[\|x - y\|] \tag{5-7}$$

我们可以用另一种更直观的方式去理解 Wasserstein 距离，它的另一个名字 EM 距离可以翻译为"推土机距离"，如果我们把生成数据分布和真实数据分布看作两个土堆的话，该距离相当于推土机把其中一堆土搬到另一堆的最小成本。

这里用一个例子来比较一下上面的四种距离公式。我们设想一个二维空间，假设真实数据 $\prod_0$ 的分布是 X 轴为零、Y 轴为随机变量的分布，而生成数据的分布为 X 轴为 θ、Y 轴也为随机变量的分布，其中 θ 为生成数据分布的一个变量。由此我们可以根据上面的四个公式很快得出下面的四个结果。

$$\delta\left(P_0, P_\theta\right) = \begin{cases} 1, & \theta \neq 0 \\ 0, & \theta = 0 \end{cases} \tag{5-8}$$

$$\mathrm{KL}\left(P_\theta \| P_0\right) = \mathrm{KL}\left(P_0 \| P_\theta\right) = \begin{cases} +\infty, & \theta \neq 0 \\ 0, & \theta = 0 \end{cases} \tag{5-9}$$

$$\mathrm{JSD}\left(P_0, P_\theta\right) = \begin{cases} \log 2, & \theta \neq 0 \\ 0, & \theta = 0 \end{cases} \tag{5-10}$$

$$W\left(P_0, P_\theta\right) = |\theta| \tag{5-11}$$

可以发现在 θ 逼近零的过程中，只有 Wasserstein 距离公式在减小，而其他几种距离公式都是一个固定的值或者是无穷大。图 5-4 对比了 Wasserstein 距离和生成对抗网络中使用的 JS 散度，左图为 Wasserstein 距离的结果，右图为 JS 散度。可以发现在使用 JS 散度的情况下，根本无法产生有用的梯度来优化整个网络，而 EM 距离则具备了一个连续可用的梯度。

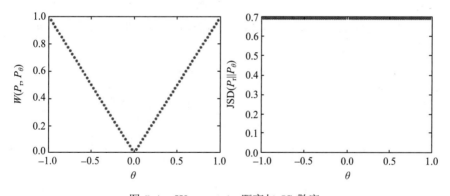

图 5-4   Wasserstein 距离与 JS 散度

此外，假如生成器 g 满足 Lipschitz 条件，那么可以推导出 $W\left(P_\mathrm{r}, P_\theta\right)$ 处处连续且处处可导。Lipschitz 条件是指函数的导数始终小于某个固定的常数 K，如下式所示。当 $K = 1$ 时称为 1-Lipschitz，也就是说导数始终小于 1。

$$\|f\left(x_1\right) - f\left(x_2\right)\| \leqslant K\|x_1 - x_2\| \tag{5-12}$$

可以看出 Wasserstein 距离确实要优于其他方案。我们进一步计算 Wasserstein 距离，可以把上面的式子根据实际情况改写成下式，含义是对于真实数据分布中的输入 x

与生成数据分布的输入 x，求它们分别对于所有满足 1-Lipschitz 条件的函数 $f(x)$ 的期望值差值的上确界。这里加入 1-Lipschitz 条件是为了保证 $f(x)$ 的梯度变化不会过大，从而使得网络能够保持正常地梯度优化。

$$W\left(P_{\mathrm{r}}, P_{\theta}\right) = \sup_{\|f\|_{L \leqslant 1}} E_{x \sim P_{\mathrm{r}}}[f(x)] - E_{x \sim P_{\theta}}[f(x)] \tag{5-13}$$

如果我们令函数 $f(x)$ 满足参数化条件 $\{f_w\}_{w \in \mathcal{W}}$，使得所有函数在 Lipschitz 条件上成立。这样的话可以把公式继续改写。

$$\max_{w \in \mathcal{W}} E_{x \sim P_{\mathrm{r}}}[f_w(x)] - E_{x \sim P_z}[f_w(g_\theta(z))] \tag{5-14}$$

为了实现公式中的参数化条件 $\{f_w\}_{w \in \mathcal{W}}$，在网络中使用的小技巧是权值裁剪（weight clippling），该方法是将权值的范围严格限制在 $[-c, c]$ 之间，在网络更新权值时且权值在范围外时，我们将其剪裁为 c 或 $-c$。这样可以保证剪裁后的网络可以使得函数 $f(x)$ 满足 Lipschitz 条件。

最后我们用一个更直观的方式去比较一下原始的 GAN 与本章讨论的 WGAN 之间的差别。图 5-5 是对应 GAN 与 WGAN 的判别器曲线示意图，左右两边蓝色和绿色的曲

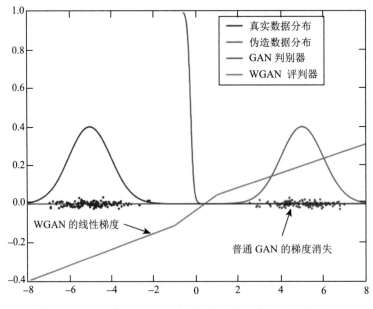

图 5-5   GAN 与 WGAN 的判别器曲线示意图（见彩插）

线分别代表真实数据与生成数据，中间垂直阶梯式的红色曲线对应的是原始 GAN 的判别器，而中间有一定斜率的浅蓝色曲线则是 WGAN 的判别曲线。

网络要做的事情是通过判别器的梯度去优化网络参数，让生成数据分布尽可能地靠近真实数据分布，而我们可以很明显地看到，原始 GAN 在两个分布中各自的区域所对应的梯度几乎是零，也就是所谓的梯度消失，非常难以对网络进行优化迭代，而 WGAN 对应的梯度则几乎是线性的，可以很好地达到真实数据分布与生成数据分布重合的目的。

5.3 WGAN 的工程实践

我们来看一下 WGAN 的伪代码（见伪代码 5-1），了解一下如何在工程上实现 WGAN。

伪代码 5-1 WGAN 的伪代码实现（实验中使用的参数包括学习率 $\alpha = 0.000\,05$，权值剪裁参数 $c = 0.01$，批次大小 $m = 64$，判别次数 $n_{\text{critic}} = 5$。初始的判别参数为 w_0，初始的生成器参数为 θ_0）

while θ 还没有收敛 **do**

  for $t = 0, \cdots, n_{\text{critic}}$ **do**

    从真实数据分布 $\{x^{(i)}\}_{i=1} \sim P_{\text{r}}$ 中采样一个批次；

    从前置随机分布 $\{z^{(i)}\}_{i=1}^{m} \sim p(z)$ 中采样一个批次；

    $g_w \leftarrow \nabla_w \left[\frac{1}{m} \sum\limits_{i=1}^{m} f_w\left(x^{(i)}\right) - \frac{1}{m} \sum\limits_{i=1}^{m} f_w\left(g_\theta\left(z^{(i)}\right)\right) \right]$；

    $w \leftarrow w + \alpha \cdot \text{RMSProp}\left(w, g_w\right)$；

    $w \leftarrow \text{clip}(w, -c, c)$；

  end for

  从前置随机分布 $\{z^{(i)}\}_{i=1}^{m} \sim p(z)$ 中采样一个批次；

  $g_\theta \leftarrow -\nabla_\theta \frac{1}{m} \sum\limits_{i=1}^{m} f_w\left(g_\theta\left(z^{(i)}\right)\right)$；

  $\theta \leftarrow \theta - \alpha \cdot \text{RMSProp}\left(\theta, g_\theta\right)$；

end while

如果我们将这个伪代码与原始 GAN 进行比较，会发现其实改动并不大，核心的改动包含以下几点。

首先我们可以看到两者最大的差别在于 WGAN 经过推导得出的代价函数中并不存在 log，但其他的与原始 GAN 基本保持一致。而对于判别器 D，由于 WGAN 的目标在于测量生成数据分布与真实数据分布之间的距离，而非原始 GAN 的是与否的二分类问题，故去除了判别器 D 最后输出层的 Sigmoid 激活函数。

此外，在更新权重时，我们需要加上权值剪裁，使得网络参数能够保持在一定的范围内，从而满足之前推导所需的 Lipschitz 条件。

最后的一点改动是将 Adam 等梯度下降方法改为使用 RMSProp 方法，这是 WGAN 的作者经过大量实验得出的经验，使用 Adam 等方法会导致训练不稳定，而 RMSProp 可以有效避免不稳定问题出现。

下面我们还是使用 Keras 来实现 WGAN。首先来看判别器的修改，在 WGAN 的理论中判别器的本质已经是一个距离测量的评估者 critic，而非二分类问题的判别者，故在 DCGAN 的判别器代码的基础上我们去除了最后的 Sigmoid 激活函数。

```python
from tensorflow.keras.layers import Input, Dense, Reshape, Flatten, Dropout,
    BatchNormalization, Activation, ZeroPadding2D, LeakyReLU, UpSampling2D, Conv2D
from tensorflow.keras.models import Sequential, Model

def build_critic(self):

    model = Sequential()

    model.add(Conv2D(16,kernel_size=3,strides=2, input_shape=self.img_shape, padding
        ="same"))
    model.add(LeakyReLU(alpha=0.2))
    model.add(Dropout(0.25))
    model.add(Conv2D(32, kernel_size=3, strides=2, padding="same"))
    model.add(ZeroPadding2D(padding=((0,1),(0,1))))
    model.add(BatchNormalization(momentum=0.8))
    model.add(LeakyReLU(alpha=0.2))
    model.add(Dropout(0.25))
    model.add(Conv2D(64, kernel_size=3, strides=2, padding="same"))
    model.add(BatchNormalization(momentum=0.8))
    model.add(LeakyReLU(alpha=0.2))
    model.add(Dropout(0.25))
    model.add(Conv2D(128, kernel_size=3, strides=1, padding="same"))
    model.add(BatchNormalization(momentum=0.8))
    model.add(LeakyReLU(alpha=0.2))
    model.add(Dropout(0.25))
    model.add(Flatten())
```

```
model.add(Dense(1))

model.summary()

img = Input(shape=self.img_shape)
validity = model(img)

return Model(img, validity)
```

在训练过程中使用权值剪裁的方法使得网络参数能够保持在一定的范围内。

```
from tensorflow.keras.datasets import mnist
import numpy as np

def train(self, epochs, batch_size=128):

    (X_train, _), (_, _) = mnist.load_data()

    X_train = X_train / 127.5 - 1.
    X_train = np.expand_dims(X_train, axis=3)

    valid = -np.ones((batch_size, 1))
    fake = np.ones((batch_size, 1))

    for epoch in range(epochs):

        for _ in range(self.n_critic):

            idx = np.random.randint(0, X_train.shape[0], batch_size)
            imgs = X_train[idx]

            noise = np.random.normal(0, 1, (batch_size, self.latent_dim))
            gen_imgs = self.generator.predict(noise)

            d_loss_real = self.critic.train_on_batch(imgs, valid)
            d_loss_fake = self.critic.train_on_batch(gen_imgs, fake)
            d_loss = 0.5 * np.add(d_loss_fake, d_loss_real)

            for l in self.critic.layers:
                weights = l.get_weights()
                weights = [np.clip(w, -self.clip_value, self.clip_value) for w in
                    weights]
                l.set_weights(weights)
```

```
            g_loss = self.combined.train_on_batch(noise, valid)

            # print d_loss and g_loss
```

工程中对 DCGAN 的其他修改如下所示：

- 设置 Wasserstein 距离作为 WGAN 的损失函数。
- 设置判别次数为 5，权值剪裁的值为 0.01。
- 将 Adam 等梯度下降方法改为使用 RMSProp 方法。

```
from tensorflow.keras.optimizers import RMSprop
import tensorflow.keras.backend as K

class WGAN():
    def __init__(self):

            ......

        self.n_critic = 5
        self.clip_value = 0.01
        optimizer = RMSprop(lr=0.00005)

        self.critic = self.build_critic()
        self.critic.compile(loss=self.wasserstein_loss,
            optimizer=optimizer,
            metrics=['accuracy'])

        self.generator = self.build_generator()

        z = Input(shape=(100,))
        img = self.generator(z)

        self.critic.trainable = False

        valid = self.critic(img)

        self.combined = Model(z, valid)
        self.combined.compile(loss=self.wasserstein_loss,
            optimizer=optimizer,
            metrics=['accuracy'])

    def wasserstein_loss(self, y_true, y_pred):
        return K.mean(y_true * y_pred)
```

```
def build_generator(self):
    ......

def build_discriminator(self):
    ......

def train(self, epochs, batch_size=128, save_interval=50):
    ......
```

5.4 WGAN 的实验效果分析

5.4.1 代价函数与生成质量的相关性

本节我们来看一下 WGAN 在实验中表现如何 [10]。首先看一下 Wasserstein 距离和生成图像之间的关系，如果能够保证距离越近，图像生成质量越高的话，那么可以说 WGAN 是有效的。

WGAN 原始论文的实验中对三种架构的 WGAN 进行了实验：第一组实验的生成器采用普通的多层感知器（MLP），其中包含四层隐含层，每一层都是 512 个单元；第二组实验的生成器使用的是标准的 DCGAN，但是在输出层去除了 Sigmoid 模块；最后一组的生成器和判别器都采用 MLP。实验结果如图 5-6 所示。

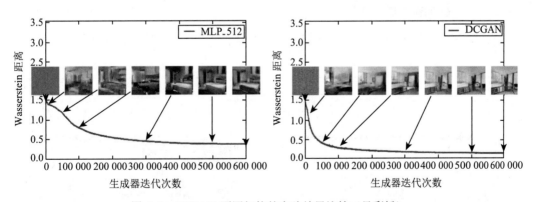

图 5-6　WGAN 不同架构的实验结果比较（见彩插）

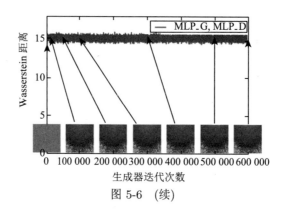

图 5-6 （续）

从第一、二组实验可以很明显地看出，随着 Wasserstein 距离的降低，图像的生成质量也越来越好。此外，随着生成器的迭代次数上升，一开始 Wasserstein 距离快速下降，然后慢慢地趋于稳定。最后一组的实验效果不佳，随着生成器迭代次数的上升，Wasserstein 距离并未下降，但也可以看到生成图像的质量并没有变得更好，说明理论仍然是正确的。

把原始 GAN 的网络采用和上面同样的三组配置进行实验比较，实验结果如图 5-7 所示。可以看出 JS 散度的变化和生成图像的效果并没有一个正向的关联，从前两组的结果可以发现，JS 散度趋于一个常数 log2，约等于 0.69。从最后一组可以发现，JS 散度几乎与生成图像质量完全没有关联。

5.4.2 生成网络的稳定性

WGAN 的研究者从生成图像的稳定性上继续做了一系列实验，首先比较了 WGAN

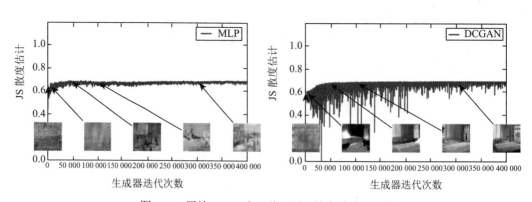

图 5-7 原始 GAN 在三种配置下的实验结果比较

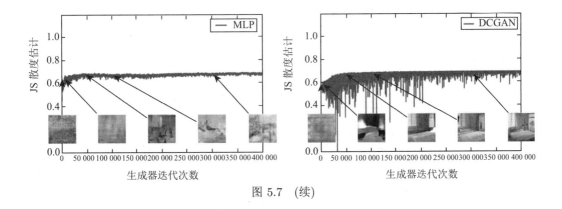

图 5.7　（续）

算法和原始 GAN 算法在 DCGAN 架构下的生成器效果，生成结果分别如图 5-8 和图 5-9 所示，根据肉眼判断，两者的生成效果差别并不大。

图 5-8　WGAN 生成结果

图 5-9　原始 GAN 生成结果

接着我们尝试减弱 DCGAN 的架构，首先去除了批归一化，并且使用固定数量的过滤器。这次的结果中使用 WGAN（见图 5-10）要明显优于使用原始 GAN（见图 5-11）。从下面的对比来看，原始 GAN 生成的图像基本是不可辨识的。

最后一个实验使用的是生成能力较弱的四层 ReLU-MLP，每层使用 512 个隐含层单元。可以看出使用了 WGAN 的生成器结果（见图 5-12）虽然没有之前第一组中使用 DCGAN 时那么优越，但是远远超越了同样网络结构中使用原始 GAN 的表现，后者生成的图形非常模糊且难以辨识（见图 5-13）。

图 5-10 去除批归一化的 WGAN 生成结果

图 5-11 去除批归一化的 GAN 生成结果

图 5-12 ReLU-MLP 的 WGAN 生成结果

图 5-13 ReLU-MLP 的 GAN 生成结果

通过这一系列的实验我们可以得出的结论是，WGAN 具有比原始 GAN 更稳定的生成能力，在最优架构的情况下也许无法体现出优势，但一旦网络中存在问题，使用 WGAN 能够在一定程度上避免生成图像质量的急速下降。

5.4.3 模式崩溃问题

最后要谈一个生成网络的现象，叫作模式崩溃（mode collapse），用通俗的话来说是指生成器不具备多样性，往往会不断重复同样的图像或者同类型的图像作为生成结果。

图 5-14 是在二维平面上对模式崩溃现象的一个很好的阐述。第一行中的 Target 图像指我们希望生成器能够逼近的真实数据分布，是二维平面空间的八个点。但是随着网络的不断训练，我们发现生成器产生的结果是在各个点之间跳跃的，但是每次只能产生其中一个点的数据，如图 5-14 中第二行所示。

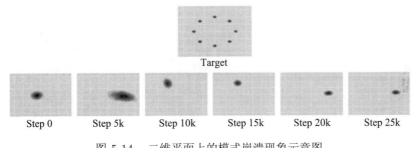

图 5-14   二维平面上的模式崩溃现象示意图

在实际的研究中发现，虽然彻底的模式崩溃不多见，但是部分模式崩溃其实是很普遍的。所谓的部分模式崩溃是指，生成网络只产生真实数据分布中的一部分数据，或者说会漏掉一小部分类型的数据。这在研究人员的实验验证中也很难被发现。

研究人员也发表了很多解决模式崩溃问题的方法，比如使用 minibatch 的方法 [11]，还有一种尝试是 unrolled GAN [12]。

在 WGAN 的论文中，研究者也通过实验表示 WGAN 可以解决模式崩溃的问题。虽然还没有明确的理论证明 WGAN 是如何避免模式崩溃问题的，但从 WGAN 中的大量实验中我们几乎没有发现模式崩溃现象，也许 WGAN 可能的确是避免模式崩溃问题的一种方案。

5.5 WGAN 的改进方案：WGAN-GP

WGAN 的理论中一个非常重要的条件是需要满足 1-Lipschitz 条件，而对应使用的方法是权值剪裁，希望把整个网络的权值能够框定在一个范围内。但是后来研究者发现，权值剪裁会产生很多问题，这也导致有人提出了一种改进方案——WGAN-GP，使用一种叫作梯度惩罚（gradient penalty）的方法替代本来的权值剪裁，并且从实验结果来看确实比原来的方案更稳定，在图像生成方面的成像质量也更高[13]。

这里先来看一下权值剪裁存在的两个比较严重的问题。第一问题是权值剪裁限制了网络的表现能力。由于网络权值被限制在了固定的范围内，神经网络很难再模拟出那些复杂的函数，只能产生一些比较简单的函数。WGAN-GP 的研究者使用了一些模拟数据重现了这些问题，并用改进后的 WGAN-GP 做了对比，结果如图 5-15 所示，第一排是 WGAN 的结果，第二排为对应 WGAN-GP 的结果。可以很明显地看出 WGAN 已经丢失了很多数据分布的高阶矩特性，而 WGAN-GP 则能有效降低这个问题。

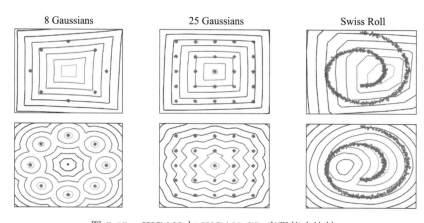

图 5-15　WGAN 与 WGAN-GP 表现能力比较

第二个问题是梯度爆炸和梯度消失。WGAN 的权值剪裁需要我们自己去设计权值限制的大小，也许不恰当的设计就会导致梯度爆炸或梯度消失。在下面的例子中，使用了 Swiss Roll 数据集，并分别将剪裁的权值大小设置为 $[10^{-1}, 10^{-2}, 10^{-3}]$，并与 WGAN-GP 的结果做比较，如图 5-16 左图所示。WGAN 的三种选择均产生了梯度爆炸或消失的情况，而 WGAN-GP 则始终能够保持稳定的梯度。图 5-16 右图也表现了在权值剪裁的情况下，非常多的权值都会固定在边界上，这也会导致网络出现问题，而 WGAN-GP 则能很好地让权值正常分布。

为了避免上述权值剪裁的问题，我们需要使用一种替代的方法实现 Lipschitz 条件。WGAN-GP 给出的方案就是梯度惩罚，那么什么是梯度惩罚呢？

我们先来观察 1-Lipschitz 条件，所有满足该条件的函数在任意位置的梯度都小于 1。既然如此，可以完全考虑直接根据网络的输入来限制对应判别器的输出。对此我们可以更新目标函数，如下式所示，在原有 WGAN 的基础上添加梯度惩罚项 L_{gp}。

$$L = L_{\text{origin}} + L_{\text{gp}} \tag{5-15}$$

$$L_{\text{origin}} = E_{\tilde{x} \sim P_g}[D(\tilde{x})] - E_{x \sim P_r}[D(x)] \tag{5-16}$$

$$L_{\text{gp}} = \lambda E_{\hat{x} \sim P_{\hat{x}}}[(\|\nabla_{\hat{x}} D(\hat{x})\|_2 - 1)^2] \tag{5-17}$$

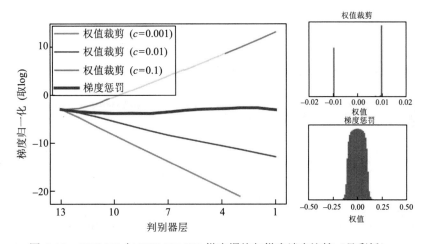

图 5-16　WGAN 与 WGAN-GP 梯度爆炸与梯度消失比较（见彩插）

对于上述惩罚项中的采样分布 $P_{\hat{x}}$，它的范围是真实数据分布与生成数据分布中间的分布，具体的实现方法是在真实数据分布 P_r 和生成数据分布 P_g 各进行一次采样，然后在这两个点的连线上再做一次随机采样，就是我们希望的惩罚项采样。上面的公式中还多了一个惩罚系数 λ，在 WGAN-GP 的论文中默认取的是 10，在实验中能够保证不错的效果。另外，在 WGAN-GP 中由于存在惩罚项而无法使用批归一化，此处的解决方案是把批归一化去掉了，发现实验结果依然很好，论文也推荐在 WGAN-GP 中使用层归一化（layer normalization）来代替批归一化。

从伪代码 5-2 的 WGAN-GP 的实现方法中可以发现 WGAN-GP 重新用回了 Adam 方法，而不存在 WGAN 中使用 Adam 方法稳定性不高的问题。

Keras 的官方社区提供了 WGAN-GP 的实现源代码，读者可以到官方 GitHub $^{\ominus}$ 上找到他们的项目。

$^{\ominus}$ https://github.com/keras-team/keras-contrib/blob/master/ examples/improved_wgan.py

伪代码 5-2   WGAN-GP 的伪代码实现（实验中使用的参数惩罚系数 $\lambda = 10$，判别次数 $n_{\mathrm{critic}} = 5$，批次大小是 m，Adam 系数 $\alpha = 0.000\,1, \beta_1 = 0, \beta_2 = 0.9$。初始的判别参数为 w_0，初始的生成器参数为 θ_0）

while θ 还没有收敛 **do**

    for $t = 0, \cdots, n_{\mathrm{critic}}$ **do**

        for $i = 1, \cdots, m$ **do**

            采样真实数据 $x \sim P_{\mathrm{r}}$，隐含变量 $z \sim p(z)$，以及一个随机数 $\varepsilon \sim U[0, 1]$;

            $\tilde{x} \leftarrow G_\theta(z)$;

            $\hat{x} \leftarrow \varepsilon x + (1 - \varepsilon)\tilde{x}$;

            $L^{(i)} \leftrightarrow D_w(\tilde{x}) - D_w(x) + \lambda\left(\|\nabla_{\hat{x}} D_w(\hat{x})\|_2 - 1\right)^2$;

        end for

        $w \leftarrow \mathrm{Adam}\left(\nabla_w \dfrac{1}{m} \sum\limits_{i=1}^{m} L^{(i)}, w, \alpha, \beta_1, \beta_2\right)$;

    end for

    从前置随机分布 $\left\{z^{(i)}\right\}_{i=1}^{m} \sim p(z)$ 中采样一个批次;

    $\theta \leftarrow \mathrm{Adam}\left(\nabla_\theta \dfrac{1}{m} \sum\limits_{i=1}^{m} -D_w\left(G_\theta(z)\right), \theta, \alpha, \beta_1, \beta_2\right)$;

end while

如图 5-17 所示，WGAN-GP 的研究者对 4 种 GAN 在 7 种情况下进行实验对比，

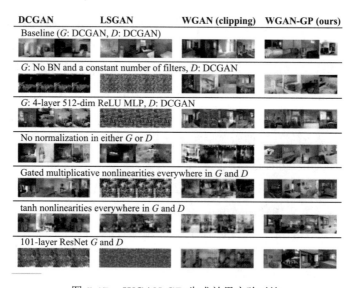

图 5-17   WGAN-GP 生成效果实验对比

可以看到 DCGAN 和 LSGAN（最小二乘 GAN）在大多数条件限制下都已经无法很好地生成图像。WGAN 虽然始终能够保持稳定的生成，但是在最后的几组实验中生成的图像模糊，有些难以分辨，而 WGAN-GP 则在所有实验下都保证了高质量。

5.6 本章小结

本章的开头部分说明了 GAN 存在的一些优化问题，并由此展开 WGAN 的理论研究。经过数学推导及理论实践，WGAN 提出了几点对于 DCGAN 模型的修改意见。这里依然使用了 Keras 框架对第 4 章中的 DCGAN 进行改写，实现了 WGAN 的模型。5.4 节中专门进行了 WGAN 的实验效果分析，从代价函数与生成质量相关性、生成模型的稳定性以及模式崩溃问题这三点来分析 WGAN 的表现。最后介绍了 WGAN 的改进版本 WGAN-GP，并将其与 WGAN 进行了比较。

第 6 章

不同结构的GAN

之前我们重点介绍了 GAN 的基本结构以及各类优化，优化的方向都着重于生成效果，在本章中我们会看到研究者是如何从另一个角度来对 GAN 进行改造的，从而在优化生成效果的同时，也让生成网络具备更强的能力。

6.1　GAN 与监督式学习

6.1.1　条件式生成：cGAN

在开始介绍之前，我们首先需要了解一下传统机器学习中的监督式学习。何为监督式学习？它指的是通过有标签数据集训练模型的一种机器学习方式，训练后的模型可以对未标签数据进行分类或是回归分析。在机器学习的分类问题上，神经网络的监督式学习可以达到比较理想的效果。

我们把监督式学习的想法也放在生成模型上，我们期待的结果是可以根据网络输入的标签生成对应的输出。

熟悉神经网络的读者可能马上会想到传统的神经网络模型似乎就可以实现这样的功能。我们可以将带标签数据集的标签项作为模型训练的输入，内容项作为模型训练的输出，训练后的结果就可以根据对应的标签输出相应的内容。

这样的设计乍看之下似乎没有问题，但是实际效果往往是不理想的。最核心的问题在于标签数据集存在标签一对多的情况，就拿文本生成图像作为例子，一句文本对应的图像可能会有很多个，标签虽然相同，但是内容本身相差甚远。在这样的情况下，传统的神经网络模型会尽量让该标签的输出结果和每一个训练结果尽量接近，这导致的问题就是生成图像会非常模糊，甚至无法分辨。其次，我们希望输出的内容是具有多样性的，而现有的神经网络在面对大规模输出类型的情况时还存在很多挑战。

为了解决带标签数据的生成问题，研究者在 GAN 的基础上提出了条件式生成对抗网络（cGAN）的概念[14]。在传统的生成模型上，包括之前章节说到的那些结构，都无法很好地控制数据生成的模式，而 cGAN 则可以通过参数的控制来指导数据的生成。

我们先来回顾一下传统 GAN 的目标函数，在生成器和判别器的训练过程中，模型的目标是取得一个极小极大值。

$$\min_{G} \max_{D} V(D, G) = E_{x \sim p_{\text{data}}(x)}[\log D(x)] + E_{z \sim p_z(z)}[\log(1 - D(G(z)))] \tag{6-1}$$

cGAN 其实非常好理解，它是对传统 GAN 的一个扩充，在原有网络结构下，对判别器和生成器的输入都加上一个额外的辅助信息 y，这个 y 可以是该数据的分类标签等。

下面的式子 cGAN 的目标函数，我们可以将其与传统 GAN 的目标函数公式进行一个对比。整体的目标函数并没有任何变化，只是判别器的输入 x 与生成器的随机输入 z 都加上了条件 y。

$$\min_{G} \max_{D} V(D, G) = E_{x \sim p_{\text{data}}(x)}[\log D(x|y)] + E_{z \sim p_z(z)}[\log(1 - D(G(z|y)))] \tag{6-2}$$

在生成器中，我们从前置随机分布 $p_z(z)$ 中取出随机输入 z，再与条件输入 y 进行拼接组合，形成一个全新的隐含表示。而在判别器中，真实数据 x 或生成数据 $G(z)$ 都会和条件 y 共同输入以进行判别。图 6-1 是 cGAN 的网络结构示意图。

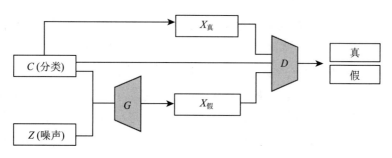

图 6-1   cGAN 网络结构示意图

6.1.2 cGAN 在图像上的应用

基于 cGAN 的思想，有很多新型的 GAN 模型试图解决一些应用层面的问题。这里首先要介绍的是拉普拉斯生成对抗网络（LAPGAN）[15]，它的核心目标是通过该网络在 GAN 的基础上生成高质量的图片，解决目前传统 GAN 生成质量差的问题。

介绍 LAPGAN 之前要先熟悉一些概念和定义。在图像处理过程中分别有下采样和上采样的概念，下采样是对原始图像的模糊和压缩，举例来说，如果下采样率为 2，则表示让 $j \times j$ 的图像变成 $j/2 \times j/2$ 的大小。而上采样是对原始图像的放大和扩展，上采样率为 2 时，新图像的大小为 $2j \times 2j$。我们定义高斯金字塔 $\mathcal{G}(I) = [I_0, I_1, \cdots, I_K]$，其中 I_0 为原始图像，之后的每一个 I_k 都是 I_{k-1} 的下采样，整个数组呈现一个从大到小的金字塔形状。由高斯金字塔可以引出拉普拉斯金字塔 $\mathcal{L}(I)$，它的每一项是高斯金字塔中相邻两项的差，公式如下所示，其中函数 $u(\cdot)$ 表示对图像的上采样。

$$h_k = \mathcal{L}_k(I) = \mathcal{G}_k(I) - u\left(\mathcal{G}_{k+1}(I)\right) = I_k - u\left(I_{k+1}\right) \tag{6-3}$$

式 (6-3) 中的最后一项其实是在像素不变的情况下对于原始图像的模糊，拉普拉斯金字塔系数 h_k 是图像在这一过程中的损失。我们也可以将上式改写为下面的样子，也就是说运用模糊图像和拉普拉斯金字塔的参数，可以通过不断地进行上采样和差值补充，最终重建原始的高清图像。

$$I_k = u\left(I_{k+1}\right) + h_k \tag{6-4}$$

LAPGAN 正是基于上面的理论，并应用了 cGAN 的思想，通过生成模型来产生拉普拉斯金字塔系数 h_k，如下式所示。

$$\tilde{I}_k = u\left(\tilde{I}_{k+1}\right) + \tilde{h}_k = u\left(\tilde{I}_{k+1}\right) + G_k\left(z_k, u\left(\tilde{I}_{k+1}\right)\right) \tag{6-5}$$

整个生成过程可以对应图 6-2 的网络结构图，最初的输入为一个随机变量 z_K，通过最初的生成器产生最初的图片数据 $\tilde{I}_K = G_K(z_K)$，经过一系列基于条件的生成模型 $\{G_0, \cdots, G_K\}$，在每一层可以生成对应的拉普拉斯金字塔系数 $\tilde{h}_k = G_k(z_k, u(I_{k+1}))$，而每一层的输出图像则由 h_k 与 I_K 相加而成。

图 6-3 是网络的整体训练过程框架图，每一层其实可以看作单独训练的 cGAN，其中每个网络的条件数据都是真实图片经过下采样和上采样后的模糊图片。这样独立训练带来的好处是网络很难产生"记忆"训练数据的情况，避免了重复输出训练集中的图片的问题。

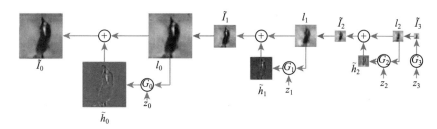

图 6-2   LAPGAN 网络结构图

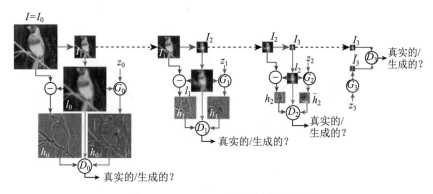

图 6-3   LAPGAN 训练过程框架图

LAPGAN 在图像识别数据集 STL 上可以实现比较好的效果，图 6-4 中从右到左是网络过程中每一层的输出图像，可以达到从模糊到清晰的生成效果。

图 6-4   LAPGAN 逐层生成效果

研究者使用人眼评估的方式来对几种生成模型产生的数据进行比较，数据源为四类：真实数据、CC-LAPGAN、LAPGAN、普通 GAN，由人眼观测该图像是否为计算机生成。其中 CC-LAPGAN 不仅将模糊图像作为网络的条件信息，还将图片本身的分类信息也作为条件输入，以此优化网络。

在 CIFAR10 数据库的情况下，从图 6-5 评估的结果中可以看出原始 GAN 生成的图像质量很差，平均有效生成只有 10% 左右。CC-LAPGAN 和 LAPGAN 的效果远高于普通 GAN，大约在 40% 左右。

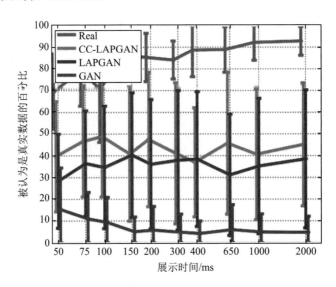

图 6-5   几种生成模型的效果比较（见彩插）

LAPGAN 是从随机数据开始生成高清图片，类似的方案其实可以应用在图像的超分辨率上。超分辨率 GAN（SRGAN）正是这样一种实现图片分辨率提升的生成对抗网络[16]。

超分辨率是指将原始图像的分辨率提高，我们首先通过图 6-6 来看一下 SRGAN 的

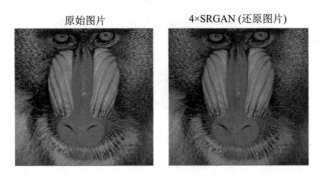

图 6-6   SRGAN 的超像素效果

效果，左边是原始的高清图片，而右边是 4 倍下采样后通过超像素还原的图片，可以发现这两张图通过肉眼几乎无法看出差别，像素还原十分优秀。

　　图 6-7 与图 6-8 分别是 SRGAN 的生成网络与判别网络的结构图，其中大量采用了残差网络的概念，这里不过多解释，可以在参考文献 [16] 中查阅到更多相关资料。

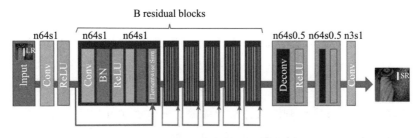

图 6-7　SRGAN 生成网络结构图

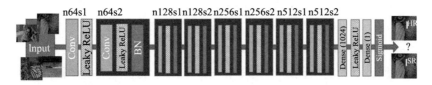

图 6-8　SRGAN 判别网络结构图

6.2　GAN 与半监督式学习

6.2.1　半监督式生成：SGAN

　　传统的机器学习方法一般分为监督式学习和无监督式学习两类。前者在前文中提到过，是根据有标签数据进行的机器学习，后者则是利用无标签数据进行的机器学习。在很多实际问题中，带有标签的数据其实是非常少的，而大量的无标签数据似乎是比较容易得到的。半监督式学习所要做的事情就是结合监督式和无监督式这两种方式，同时利用少量标签数据与大量无标签数据进行训练，从而实现对于未标签数据的分类问题。

　　生成网络训练中的真实数据集可以看作有标签数据集，而由生成器随机产生的数据则可以看作无标签数据集。研究者由此提出了一个问题：是否可以在训练生成模型的同时也能够训练一个半监督式的分类模型。

在之前 DCGAN 的研究中我们看到，使用生成模型特征抽取后形成的判别器已经可以实现分类的效果，但依然存在很多可以优化的方向。首先，由判别器 D 学习到的特征可以提升分类器 C 的效果，那么同样，一个好的分类器也可以优化判别器的最终表现，之前的研究仅仅使用判别器的训练来最终实现分类效果，可以说是忽略了这一优势。其次，从效率层面来讲，现有的训练方式无法同时训练分类器 C 和生成器 G。更重要的是，优化判别器 D 可以提升分类器 C 的性能，而优化分类器 C 也可以提升判别器 D，通过前面的学习我们也知道 GAN 中如果提升了判别器 D 的能力，生成器 G 的效果也会随之变得更好，三者会在一个交替过程中趋向一个理想的平衡点。

基于上述分析，研究者提出了一种半监督式 GAN（以下简称 SGAN）[17]。研究者的目标是希望 SGAN 能够做到同时训练生成器与半监督式分类器，最终希望实现一个更优的半监督式分类器，以及一个成像质量更高的生成模型。

传统的 GAN 在判别器网络的输出端会采用二分类的模式，分别代表"真"和"假"。而在 SGAN 中，最重要的一个转变是把这个二分类（比如 Sigmoid 函数）转变成了多分类（Softmax），类型数量为 $N+1$，分别指代 N 个标签的数据和一个"假"数据，表示为 $[C_1, C_2, \cdots, C_n, \text{Fake}]$。

我们可以通过下面的伪代码 6-1 来看一下 SGAN 的整体实现过程。在实际计算过程中，判别器和分类器其实是融为一体的，这里写作 D/C，它们共同和生成器 G 形成一个博弈关系，最小最大化的目标函数为负向最大似然估计（NLL）。

伪代码 6-1　SGAN 训练伪代码

输入: I 为总迭代次数

  for $n = 1, \cdots, I$ **do**

    从生成器前置随机分布 $p_g(z)$ 取出 m 个随机样本 $z^{(1)}, \cdots, z^{(m)}$;

    从真实数据分布 $p_{\text{data}}(x)$ 取出 m 个真实样本 $(x^{(1)}, y^{(1)}), \cdots, (x^{(m)}, y^{(m)})$;

    最小化 NLL，更新 D/C 的参数;

    从生成器前置随机分布 $p_g(z)$ 取出 m 个随机样本 $z^{(1)}, \cdots, z^{(m)}$;

    最大化 NLL，更新 G 的参数;

  end for

图 6-9 是 SGAN 的网络结构图，我们可以将其与之前的 cGAN 进行一下对比。两者的差别在于，对于生成器的输入端我们并没有将标签信息进行输入，所以判别器产生

的生成数据是随机分布的，并不受网络输入的控制。此外，对于判别器的输出而言，cGAN 仅仅是一个"真"和"假"的二分类，而 SGAN 则是一个分类器与判别器的结合体。

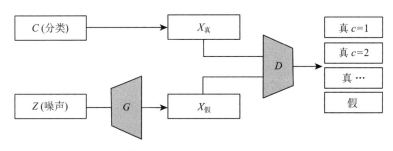

图 6-9　SGAN 网络结构图

6.2.2　辅助分类生成：ACGAN

从之前两节的介绍我们可以发现，使用有标签的数据集应用于生成对抗网络可以有效增强现有的生成模型，并且形成了两种优化的思路。

首先，cGAN 中使用了辅助的标签信息来增强原始 GAN，对于生成器与判别器均使用标签数据对进行训练，从而让生成模型具备产生特定条件数据的能力。此外，另外一些研究也表明，cGAN 所产生的生成模型在生成图像的质量上也比传统的方式更优。当辅助标签信息更丰富的时候，效果也会随之继续提升。

另一类像 SGAN 这样的结构从另一个方向去利用辅助标签信息，利用判别器或是分类器一端来重建标签信息，从而提升 GAN 的生成效果。从一些研究实验结果里可以发现，当我们强制让模型去处理额外信息的时候，反而会让模型本来的生成任务完成得更好，优化后的分类器可以有效提升图像的综合质量。

上述两种思想似乎是从两个角度去思考了标签数据对于 GAN 的优化，那么如果把这两种方案结合起来，是不是会有一种更好的方案？辅助分类 GAN（以下简称 ACGAN）正是在这样的思想上建立起来的 [18]，通过对于结构的改造，希望能够将上面的两个优势整合在一起，利用辅助标签信息产生更高质量的生成样本。

下面来看一下 ACGAN 是如何工作的。对于生成器来说有两个输入，一个是标签分类信息 $C \sim P_C$，另一个是随机数据 z，得到生成数据为 $X_{\text{fake}} = G(c, z)$。对于判别器，分别要判断数据源是否为真实数据的概率分布 $P(S|X)$ 以及数据源对于分类标签的概率分布 $P(C|X)$。

ACGAN 的目标函数包含两个部分，如式 (6-6) 和式 (6-7) 所示。第一部分 L_S 是面向数据真实与否的代价函数，第二部分 L_C 则是面向数据分类准确性的代价函数。

$$L_S = E\left[\log P\left(S = \text{real}|X_{\text{real}}\right)\right] + E\left[\log P\left(S = \text{fake}|X_{\text{fake}}\right)\right] \tag{6-6}$$

$$L_C = E\left[\log P\left(C = c|X_{\text{real}}\right)\right] + E\left[\log P\left(C = c|X_{\text{fake}}\right)\right] \tag{6-7}$$

在 ACGAN 的训练中，优化的方向是希望训练判别器 D 能够使得 $L_S + L_C$ 最大，而生成器 G 使得 $L_S - L_C$ 最小。对应的物理意义是希望判别器能够尽可能地区分真实数据和生成数据，并且能够有效对数据进行分类，而对于生成器来说，则是希望能生成数据被尽可能地认为是真实数据，且数据都能够被有效分类。

图 0-10 是 ACGAN 的网络结构，可以发现该结构其实和之前的 cGAN 和 SGAN 都非常接近，可以说是两者的结合体。但这样的修改可以有效生成高质量的生成结果，并且使得训练更加稳定。

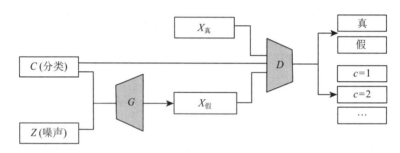

图 6-10　ACGAN 网络结构图

6.3　GAN 与无监督式学习

6.3.1　无监督式学习与可解释型特征

无监督式学习是监督式学习的反面，它的训练数据集是大量的无标签数据。无监督最大的优势在于能够对无序的数据进行一个在机器层面的分组归类，对于数据分析而言是非常有价值的。一个优秀的无监督式学习算法可以在事先不了解任何分类任务的情况下，仍然正确地猜测到分类情况。如果从模拟人类思考方式的角度来看，相比于监督式学习，无监督式学习更加接近人类的学习模式。当我们面对某一个新事物时，总可以在大脑中把它放到某一分类中，当我们看到某一类事物时，也不需要有大量的标签数据告诉我们这些都是属于一个分类的。

一个比较典型的无监督式学习是 k-means 聚类，在该算法中，向量空间中距离较近的数据点会被自动归成同一类型。大致的算法思路是对于一组都是 d 维的向量数据集，算法会产生 k 个聚类集合，并把所有向量都分配到最近的聚类中，并且要求每个组内平方和是最小的。在对几何数据反复进行迭代更新后，算法会收敛于某个局部最优解。图 6-11 是 k-means 算法在二维与三维空间中自动将无标签数据聚类后形成三类数据的效果图。

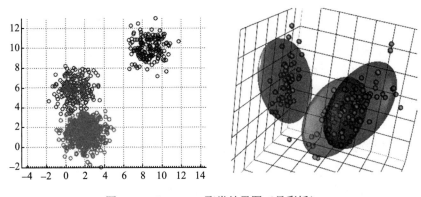

图 6-11　k-means 聚类效果图（见彩插）

另一个无监督式学习的例子是之前提到过的自动编码器，通过神经网络对高维度的数据进行编码与解码的训练，从而产生一个中间层的低维编码。对于各类复杂的数据集，研究人员可以有效地通过自动编码器提取低维编码，也就是说这些低维编码是对于原始数据中真实信息量的提取。

和自动编码器类似，GAN 在大部分情况下也属于无监督式学习的一类，我们可以通过隐含向量来生成对应的高维度数据。在之前的 DCGAN 实验效果中我们也看到 GAN 的输入隐含向量是模拟了真实数据空间的低维度编码，当在隐含空间中移动的时候，生成的图像也会对应地平滑转变。同时，该隐含向量也具备计算属性，比如笑脸女性图片的隐含向量减去普通表情女性图片隐含向量再加上普通表情男性图片隐含向量，可以得到笑脸男性图片的隐含向量。

无监督式学习在上面的研究中都能够实现不错的效果，但是在某些场景下不一定非常有效，原因在于经过特征训练后的数据表征并非可解释型特征，这对之后的分类任务的帮助可能非常有限。举例来说，对于 GAN 的大部分模型，其隐含输入的每一个维度并不含有具体含义，如果改变传统的 GAN 输入端的单个参数，并不会使最终的生成结

果发生太大的变化，只有多个维度组合才会产生有意义的改变。比如对人脸数据集进行
DCGAN 的对抗训练，最后产生的生成模型输入值的每个维度并没有实际含义，但是如
果我们可以把每个维度对应到一个可解释的维度上，比如性别、面部表情、是否戴眼镜、
发型等，那对生成模型来说就是非常有意义的，我们可以直接根据自己希望的特性来生
成数据。

6.3.2　理解 InfoGAN

本节要介绍的 InfoGAN 正是考虑到了上述的问题，对传统的 GAN 进行了一系列
修改，从而使生成模型可以产生有意义且可解释的特征[19]。与之前的 cGAN 不同，原
始训练数据也并不含有任何标签信息，所有特征都是通过网络以一种非监督的方式自动
学习得到的。

与本章之前介绍的几种 GAN 不同，InfoGAN 采用的是无监督式学习的方式并尝
试去实现可解释特征。InfoGAN 中一个最大的改进是使用了信息论的原理，通过最大
化输入噪声和观察值之间的互信息（Mutual Information，MI）来对网络模型进行优化。
研究人员表示，InfoGAN 能够适用于各类复杂的数据集，可以同时实现离散特征与连
续特征，较传统的 GAN 训练时间更短。

InfoGAN 在输入端把随机输入分为两个部分：第一部分为 z，代表随机噪声；第二部
分为 c，代表隐含编码，目标是希望能够在每个维度上都具备可解释型特征。我们把隐含
编码的每个维度定义为 $c_1, c_2, \cdots, c_L$，这样就可以把隐含编码的分布写作 $P(c_1, c_2, \cdots, c_L) = \prod_{i=1}^{L} P(c_i)$。对于 InfoGAN 的生成器，我们将噪声 z 和隐含编码 c 同时输入，得
到 $G(z, c)$，对于传统的 GAN 来说通常会忽略掉辅助的隐含编码信息 c，这样会使得生
成概率 $P_G(x|c) = P_G(x)$。为了应对这个问题，在 InfoGAN 中需要对隐含编码 c 和生
成分布 $G(z, c)$ 求互信息 $I(c; G(z, c))$，并使其最大化。

InfoGAN 的网络结构如图 6-12 所示。读者可以将其与本章之前的 GAN 网络结构
进行对比，其不同点在于真实训练数据并不带有标签信息，而输入数据为隐含编码和随
机噪声的组合，最后通过判别器一端和最大化互信息的方式还原隐含编码的信息。也就
是说判别器 D 最终同时需要具备还原隐含编码和辨别真伪的能力。前者是为了生成图
像能够很好地具备编码中的特性，也就是说隐含编码可以对生成网络产生相对显著的效
果；后者则是要求生成模型在还原信息的同时，也能够保证生成的数据与真实数据非常
逼近。

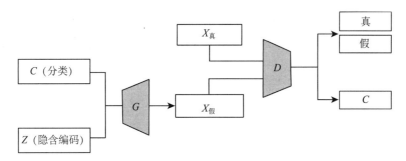

图 6-12　InfoGAN 网络结构图

互信息表示两个随机变量之间依赖程度的度量。对于随机变量 X 和随机变量 Y，定义它们的互信息为 $I(X;Y)$，计算公式如下式所示，可表达为两种不同的熵计算公式，其中 $H(X)$ 与 $H(Y)$ 为边缘熵，而 $H(X|Y)$ 与 $H(Y|X)$ 为条件熵。

$$I(X;Y) = H(X) - H(X|Y) = H(Y) - H(Y|X) \tag{6-8}$$

从互信息的定义和式 (6-8) 可知，当 X 与 Y 互相独立时，互信息 $I(X;Y) = 0$。相反，如果 X 与 Y 的相关程度很高，互信息也就会非常大。也就是说对于任意给定的输入 $x \sim P_G(x)$，希望生成器的 $P_G(c|x)$ 有一个相对较小的熵，即希望隐含编码 c 的信息在生成过程中不会流失。对于 GAN 的最大最小问题，我们需要对目标公式进行修改，转换为下式。

$$\min_G \max_D V_I(D,G) = V(D,G) - \lambda I(c; G(z,c)) \tag{6-9}$$

由于概率 $P(c|x)$ 难以直接得到，这导致了互信息 $I(c; G(z,c))$ 非常难以最大化。实际计算过程中可以通过定义一个近似 $P(c|x)$ 的辅助分布 $Q(c|x)$ 来获取互信息的下界，推导过程如下。

$$I(c; G(z,c)) = H(c) - H(c|G(z,c)) \tag{6-10}$$

$$= E_{x \sim G(z,c)} \left[E_{c' \sim P(c|x)} \left[\log P\left(c'|x\right) \right] \right] + H(c) \tag{6-11}$$

$$= E_{x \sim G(z,c)} \left[D_{KL}(P(\cdot|x) \| Q(\cdot|x)) + E_{c' \sim P(c|x)} \left[\log Q\left(c'|x\right) \right] \right] + H(c) \tag{6-12}$$

由于 $D_{\mathrm{KL}}(P(\cdot|x)\|Q(\cdot|x)) \geqslant 0$，可以得出下面的不等式。由此我们可以得到互信息的下界值。

$$I(c; G(z,c)) \geqslant E_{x\sim G(z,c)}\left[E_{c'\sim P(c|x)}\left[\log Q\left(c'|x\right)\right]\right] + H(c) \tag{6-13}$$

下面我们来看一下 InfoGAN 中的一个引理推导。

$$E_{x\sim X,y\sim Y|x}[f(x,y)] = \int_x P(x)\int_y P(y|x)f(x,y)\mathrm{d}y\mathrm{d}x \tag{6-14}$$

$$= \int_x \int_y P(x,y)f(x,y)\mathrm{d}y\mathrm{d}x \tag{6-15}$$

$$= \int_x \int_y P(x,y)f(x,y)\int_{x'} P\left(x'|y\right)\mathrm{d}x'\mathrm{d}y\mathrm{d}x \tag{6-16}$$

$$= \int_x P(x)\int_y P(y|x)\int_{x'} P\left(x'|y\right)f\left(x',y\right)\mathrm{d}x'\mathrm{d}y\mathrm{d}x \tag{6-17}$$

$$= E_{x\sim X,y\sim Y|x,x'\sim X|y}[f\left(x',y\right)] \tag{6-18}$$

这样我们可以重新改写之前的不等式，并定义一个新的下界 $L_I(G,Q)$。从公式中我们可以发现 $L_I(G,Q)$ 可以通过蒙特卡洛方法逼近。

$$L_I(G,Q) = E_{c\sim P(c),x\sim G(z,c)}[\log Q(c|x)] + H(c) \tag{6-19}$$

$$= E_{x\sim G(z,c)}\left[E_{c'}\sim P(c|x)\left[\log Q\left(c'|x\right)\right]\right] + H(c) \tag{6-20}$$

$$\leqslant I(c; G(z,c)) \tag{6-21}$$

经过上面一系列推导，最终可以得到 InfoGAN 的目标函数，定义如下，其中 λ 为超参量。

$$\min_{G,Q}\max_D V_{\mathrm{InfoGAN}}(D,G,Q) = V(D,G) - \lambda L_I(G,Q) \tag{6-22}$$

InfoGAN 在实验中的表现非常好，在各个数据集上均提炼出了有价值的特征。比如图 6-13 的 MNIST 测试集中，通过控制隐含编码中的 C_1 可以调节生成数字是几，而其他参数则可以调节生成字符的倾斜角度、字体宽度等。而原始 GAN 则对于这些变量完全无能为力。

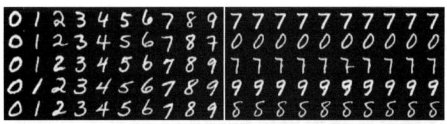

a）改变 InfoGAN 的条件输入 C_1（数字的类型）b）改变普通 GAN 的条件输入 C_1（无明显的含义）

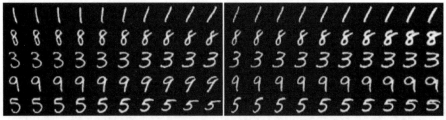

c）改变 InfoGAN 的条件输入 C_2（从–2到2，
字体的旋转）　　　d）改变 InfoGAN 的条件输入 C_3（从–2到2，
字体的宽度）

图 6-13　InfoGAN 在 MNIST 数据集上的控制

此外，图 6-14～ 图 6-17 也列举了 InfoGAN 在 3D 人脸数据集、椅子数据集、门牌号数据集以及人脸数据集的特征提取效果。

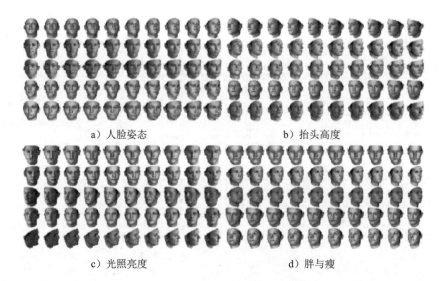

a）人脸姿态　　　　　　　b）抬头高度

c）光照亮度　　　　　　　d）胖与瘦

图 6-14　InfoGAN 与 3D 人脸数据集

a）旋转   b）宽度

图 6-15　InfoGAN 与椅子数据集

a）连续变化：光照   b）离散变化：内容

图 6-16　InfoGAN 与门牌号数据集

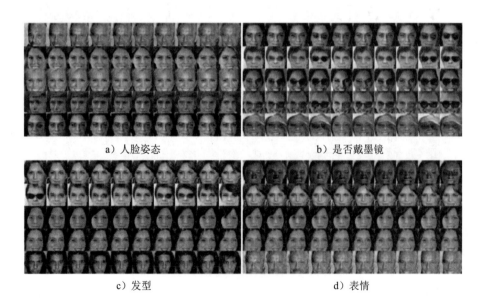

a）人脸姿态   b）是否戴墨镜

c）发型   d）表情

图 6-17　InfoGAN 与人脸数据集

6.4 本章小结

GAN 的设计具有多种多样的可能性，本章提出了几类与经典 GAN 使用了不同结构的生成对抗网络。第一类是基于有监督标签信息的条件式生成对抗网络（cGAN），并在其基础上介绍了 cGAN 的一些应用，比如超像素。第二类是半监督式学习的生成对抗网络，分别为 SGAN 和 ACGAN，这两者都是使用了部分辅助的信息来优化传统 GAN 的生成。最后一类是无监督式学习的 InfoGAN，非但实现了生成对抗网络的生成效果，还可以让隐含编码中的每一维特征都具有实际意义。

第 **7** 章

文本到图像的生成

2016 年，谷歌公司已经实现了比较高质量的机器图像理解，对于一张图片，计算机可以写出非常准确的文字描述。而通过文本描述产生图像却一直是行业中一个颇具挑战的方向，也是一项非常令人期待的突破。本章主要介绍了如何使用 GAN 来实现文本到图像的生成。

7.1　文本条件式生成对抗网络

想象一下你随意说一句话就能看到对应的场景，或者当你在阅读一本小说的时候，配图会自动根据你阅读的文字而变化，这些似乎只是在科幻电影里才能出现的场景，但 GAN 的研究让文本到图像的生成成为可能。

实现文本到图像的生成可以分为两个步骤：第一步是从文本信息中学习提取文本特征，并确保这些文本特征能够具备重要的可视细节；第二步是将这些文本特征转化为人们可以直观看到的图像信息，与 GAN 的思想一致的是这些生成的图像需要能够骗过人眼，让人们以为是真实图像而非生成图像。我们发现当文本生成图像这个看似困难的话题在转化为这两个步骤之后，都可以在现有的深度学习研究中找到应对的方案，比如自然语言表示技术、图像合成技术等。

在实际的文本生成图像过程中会遇到一个难点，文本描述与图像通常是一对多的关系，也就是说一段文本描述其实可以对应多种不同的图片，例如图 7-1，根据图中上方文字的描述，可以对应下面给出的六种不同图片。

在这种情况下，如果使用传统的深度学习方法，会导致的问题就是生成的图像非常模糊，因为传统的方法总是希望最终输出的结果能和训练集中所有对应的输出接近，而文本对应的图像（见图 7-1）在像素层面的差别还是非常大的，如果采用的是综合平均的方法，势必导致效果较差。

this small bird has a pink breast and crown, and black primaries and secondaries.

this magnificent fellow is almost all black with a red crest, and white cheek patch.

图 7-1 文本描述与对应图像示例

在这样的场景下，GAN 似乎提供了一种比较合适的解决方案，利用对抗网络的训练可以有效应对这种一对多的关系。根据前面介绍的知识，我们很快就可以想到使用 cGAN 来实现文本条件下的图像生成[20]。

图 7-2 所示的架构图展示了以文本特征为条件的 DCGAN，文本的编码信息同时应用于生成器与判别器，作为条件信息，通过卷积层的处理将文本条件信息转化为图像信息。

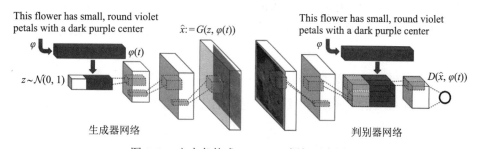

图 7-2 文本条件式 DCGAN 框架示意图

我们可以通过图 7-3 来看一下采用这样的网络设计可以实现的效果。

除了上述标准方案以外，研究者还提出了两种优化方法，第一种是使用具备配对意识的判别器（这里简称 GAN-CLS 方案），也就是说相对于标准架构，判别器除了判断输出图像的真假之外，还需要分辨出失败的生成内容属于哪种情况，是属于生成图像不真实，还是属于生成图像不匹配。下面是 GAN-CLS 的伪代码实现（见伪代码 7-1）。

图 7-3　网络实现效果图

第二种优化方法是使用流形插值的方案（这里简称 GAN-INT 方案），深度神经网络能够寻找到高维度匹配数据的低维流形，这使得我们可以对训练集做一些插值工作。我们知道文本数据其实是一种离散数据，两个文本对应的向量之间的数据可能不代表任何含义，但在这里我们可以把它们看作一种辅助的优化信息。

式 (7-1) 是 GAN-INT 方案中添加的生成器优化函数，其中 t_1 和 t_2 是训练集中的两个文本向量，β 是中间的差值，在实际应用中可以使用 $\beta = 0.5$。

$$E_{t_1, t_2 \sim p_{\text{data}}} \left[\log \left(1 - D \left(G \left(z, \beta t_1 + (1 - \beta) t_2 \right) \right) \right) \right] \tag{7-1}$$

图 7-4 和图 7-5 分别是在鸟数据集和花数据集上采用标准 GAN 方案、GAN-CLS 方案、GAN-INT 方案以及混合的 GAN-INT-CLS 方案的生成效果对比。

伪代码 7-1　GAN-CLS 伪代码

输入： 最小批次图像数据 x，匹配文本 t，不匹配文本 $\hat{t}$，批次数量 S

for $n = 1, \cdots, S$ **do**

$h \leftarrow \varphi(t)$ 对匹配的文本描述进行编码；

$\hat{h} \leftarrow \varphi(\hat{t})$ 对不匹配的文本描述进行编码；

$z \sim \mathcal{N}(0,1)^Z$ 生成随机噪声数据；

$\hat{x} \leftarrow G(z, h)$ 生成数据；

$s_r \leftarrow D(x, h)$ 判别真实图像与匹配文本；

$s_w \leftarrow D(x, \hat{h})$ 判别真实图像和非匹配文本；

$s_f \leftarrow D(\hat{x}, h)$ 判别生成图像和匹配文本；

$\mathcal{L}_D \leftarrow \log(s_r) + (\log(1 - s_w) + \log(1 - s_f))/2$ 判别器损失函数；

$D \leftarrow D - \alpha \partial \mathcal{L}_D / \partial D$ 梯度下降更新判别器参数；

$\mathcal{L}_G \leftarrow \log(s_f)$ 生成器损失函数；

$G \leftarrow G - \alpha \partial \mathcal{L}_G / \partial G$ 梯度下降更新生成器

end for

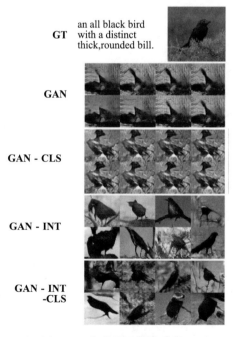

图 7-4　鸟类数据集效果对比

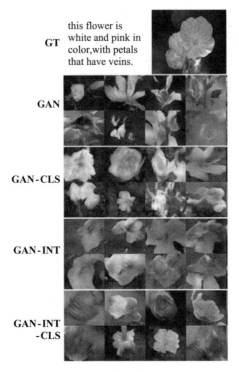

图 7-5　花类数据集效果对比

7.2　文本生成图像进阶：GAWWN

在最基础的文本生成图像之上，还可以对这类生成设置一些风格化的定义，比如采用什么样的背景和什么样的姿态。这里所使用的一种方案是对风格编码器采用平方损失。

$$\mathcal{L}_{\text{style}} = E_{t,z \sim \mathcal{N}(0,1)} \| z - S(G(z, \varphi(t))) \|_2^2 \tag{7-2}$$

其中 S 是风格编码网络，通过图像生成器和风格编码器可以按照下面的步骤产生我们希望的图片。

$$s \leftarrow S(x), \hat{x} \leftarrow G(s, \varphi(t)) \tag{7-3}$$

图 7-6 所示的鸟类图像示例是在不同风格背景下的文本生成的图像效果。

除了风格转换之外，研究者还希望能够更好地控制生成图像[21]。比如对于鸟类数据集，我们通过文字"一只蓝色的鸟"可能会生成各种各样不同姿态的鸟，同时鸟也可能出现在图像的各个位置，如果我们对生成器提供更多的条件输入，就可能让这些不确定性都转化为确定的情况。比如图 7-7 中的例子，第一行通过一个长方形区域的输入来固定鸟的位置，第二行则是通过关键点的设置来确定鸟的姿态，比如鸟的嘴、肚子、尾巴等，第三行由于文本比较复杂，前置条件仅设置了头的位置，可以看到依然有不错的效果。

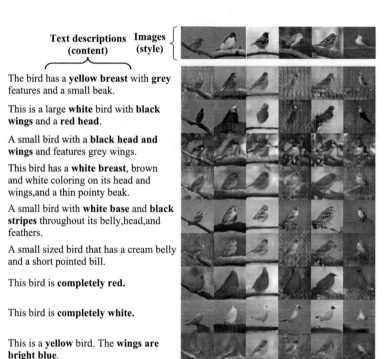

图 7-6　不同风格背景的文本到图像生成

为了实现上面的两种条件输入，研究者提出了一种能够解决画什么和画在哪儿的生成对抗网络 GAWWN，这是一种同时基于文本条件与位置或姿态条件的生成对抗网络。图 7-8 和图 7-9 分别是对应位置与姿态的两种 GAWWN 实现方法。这两种架构乍看都非常复杂，但是核心思想都是将额外的条件信息添加到生成器与判别器的训练中。从模型的设计上来看也是设计者经过大量的实验验证得到的架构。

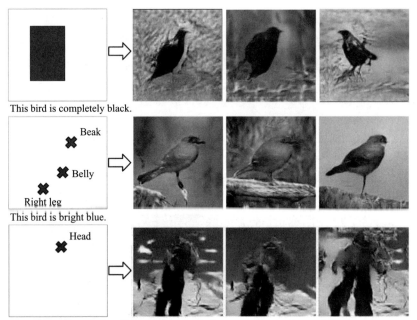

This bird is completely black.

This bird is bright blue.

a man in an orange jacket, black pants and a black cap wearing sunglasses skiing

图 7-7　不同位置与姿态的文本到图像生成

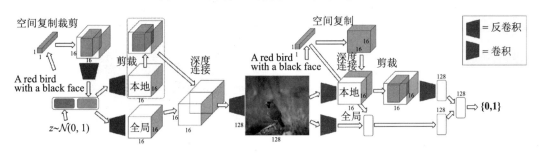

图 7-8　基于位置的文本到图像生成框架图

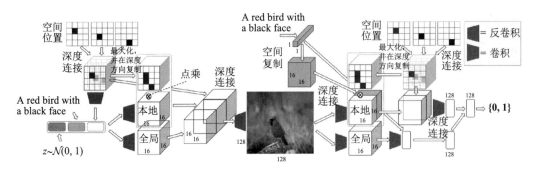

图 7-9　基于姿态的文本到图像生成框架图

这里我们可以再多看一些最终的生成效果,首先是方框的条件输入对于文本生成图像的影响。在图 7-10 中可以看到我们测试了三种不同的效果,分别是缩放、平移、拉伸,可以看到都有着不错的效果。

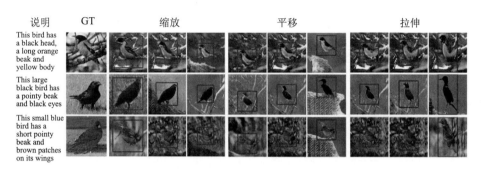

图 7-10 基于位置的缩放、平移、拉伸的效果

对于关键点条件输入,我们也可以采用类似的对比方案,这里图 7-11 所示示例中仅设置了鸟的嘴与尾巴的位置,并且通过控制这两者的位置来实现缩放、平移、拉伸的效果。

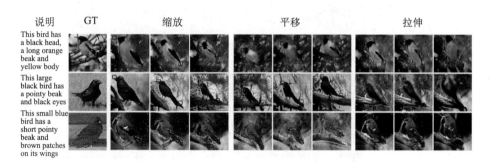

图 7-11 基于姿态的缩放、平移、拉伸的效果

7.3 文本到高质量图像的生成

目前大部分文本生成图像的技术都存在一个问题,那就是生成图像模糊不清。主要的原因在于文本往往具有多义性,一段文本所描述的信息其实可以对应多种多样的图像,并且每一幅都是正确的。比如"树枝上有只鸟"这句话,对应的图像可以是不同种类的树或是不同颜色的鸟。

传统的生成对抗网络擅长生成图像，前文中的 cGAN 也可以实现文本到图像的生成。虽然确实可以实现文本生成图像的效果，但是在细节上依旧模糊，目前 cGAN 的图像生成像素为 64×64。研究者还通过提供辅助信息（比如描述物的位置等）来提升生成图片的清晰度。但除此之外，cGAN 无法依靠自身的能力来提高清晰度。

7.3.1　层级式图像生成：StackGAN

StackGAN 提出了一种层级式的网络结构来实现高清晰度的文本生成图像 [22]。StackGAN 的核心理念是把问题进行拆分，将文本生成高清图像的任务拆分为两个子任务。第一个子任务是通过文本生成一个相对模糊的图像，第二个子任务是从模糊的图像生成高清图像。我们可以从图 7-12 所示示例中看一下最终能够实现的效果。

图 7-12　StackGAN 的层级式生成效果

StackGAN 的网络结构如图 7-13 所示。网络可以分成两个部分，分别为 Stage-I GAN 与 Stage-II GAN，二者分别对应各自的子任务。此外在最初的输入部分，StackGAN 提出了一个条件增强（conditioning augmentation）的模块用以提升输入的向量信息。

Stage-I GAN：根据给定的文本描述，生成描述对象的基本形状和颜色，并通过随机噪声输入来随机绘制背景，生成一张相对低分辨率的图片。它的输入为条件文字描述与随机噪声，输出为低分辨率图片。

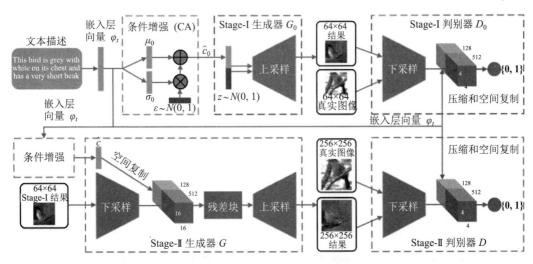

图 7-13 StackGAN 网络结构图

Stage-Ⅱ GAN：主要负责修正低分辨率图像的不足，并通过再次读取文字描述来丰富图片中细节，从而生成最终的高分辨率图片。它的输入为条件文本描述与 Stage-I GAN 输出的低分辨率图片，输出为最终的高分辨率图片。

在网络的输入端通常需要通过文本嵌入技术把输入文本 t 转换为向量形式 φ_t。在以往的方法中该向量的形式的维度特别高，通常会大于 100 维，而训练数据又是十分有限的，这就会导致输入数据在隐含空间中是不连续的，这样的数据集对训练生成器其实是非常不友好的。

条件增强技术正是要解决这个问题，其添加了一个附加的条件变量 $\hat{c}$。该变量 $\hat{c}$ 采样自独立的高斯分布 $\mathcal{N}\left(\mu\left(\varphi_t\right), \Sigma\left(\varphi_t\right)\right)$，其中 $\mu\left(\varphi_t\right)$ 代表 φ_t 的均值，而 $\Sigma\left(\varphi_t\right)$ 则为 φ_t 对角协方差矩阵。这样，在少量文本图像配对的数据训练集情况下能够产生更多的数据，同时对于微小的扰动能够更好地提高系统的健壮性。

为了使这些条件数据在隐含输入空间中更为平滑且避免过度拟合，条件增强技术要求网络在训练过程中优化下式。通过增大标准高斯分布和条件高斯分布之间的 KL 散度，能够让网络产生更多样性的输出，也就是说对于类似的句子，能够产生更多不同的输出图像。

$$D_{\mathrm{KL}}\left(\mathcal{N}\left(\mu\left(\varphi_t\right), \Sigma\left(\varphi_t\right)\right) \| \mathcal{N}(0, I)\right) \tag{7-4}$$

上文已经介绍了 Stage-I GAN 的工作是从描述文本生成低像素的图片，要求能够展现主要对象以及正确的颜色。Stage-I GAN 需要训练的判别器 D_0 与生成器 G_0 的目标函数如下所示，其中 I_0 为真实数据，t 为文本描述信息，z 为满足高斯分布的随机噪音信号，λ 为正则化参数，在实验中可以取 1。

$$\begin{aligned} \mathcal{L}_{D_0} =& E_{(I_0,t)\sim p_{\text{data}}}\left[\log D_0\left(I_0, \varphi_t\right)\right] \\ &+ E_{z\sim p_2, t\sim p_{\text{data}}}\left[\log\left(1 - D_0\left(G_0\left(z, \hat{c}_0\right), \varphi_t\right)\right)\right] \end{aligned} \tag{7-5}$$

$$\begin{aligned} \mathcal{L}_{G_0} =& E_{z\sim p_z, t\sim p_{\text{data}}}\left[\log\left(1 - D_0\left(G_0\left(z, \hat{c}_0\right), \varphi_t\right)\right)\right] \\ &+ \lambda D_{\text{KL}}\left(\mathcal{N}\left(\mu_0\left(\varphi_t\right), \Sigma_0\left(\varphi_t\right)\right) \| \mathcal{N}(0, I)\right) \end{aligned} \tag{7-6}$$

在 Stage-I GAN 中，正如图 7-12 展示的那样，生成器 G_0 接收到的输入数据包含文本条件变量 $\hat{c}_0$，由计算公式 $\hat{c}_0 = \mu_0 + \sigma_0 \odot \varepsilon$ 得到，其中 $\odot$ 表示对应位相乘而 ε 服从高斯正态分布 $\mathcal{N}(0, I)$。μ_0 与 σ_0 分别为条件高斯分布 $\mathcal{N}\left(\mu_0\left(\varphi_t\right), \Sigma_0\left(\varphi_t\right)\right)$ 的均值与方差。最终的输入数据为 $\hat{C}_0$ 与 N_z 维随机噪声向量的拼接组合。生成器网络会通过上采样生成对应的低像素图片。

在判别器 D_0 这一端，文本向量 φ_t 先通过一个全连接层压缩到 N_d 维，并通过空间复制的方法形成 $M_d \times M_d \times N_d$ 维数据。与此同时，图像数据通过一系列下采样形成一个 $M_d \times M_d$ 维数据。下一层的图像过滤器需要拼接通道维度和前面已经准备好的 $M_d \times M_d \times N_d$ 维文本信息。判别器最终的全连接层会输出一个最终评分。

从 Stage-I GAN 生成的低分辨率图片需要通过 Stage-II GAN 生成更清晰的图片。在第一阶段中某些文字细节可能会被省略，也可能丢失，Stage-II GAN 的重要步骤是通过低分辨率的图片加上条件文本以改进图像中存在的问题，并生成高质量图片。

低分辨率图片为 $S_0 = G_0\left(z, \hat{c}_0\right)$，Stage-II GAN 需要训练的判别器 D 与生成器 G 的目标函数如下所示。模型需要做的是最大化 $\mathcal{L}_D$ 且最小化 $\mathcal{L}_G$。

$$\begin{aligned} \mathcal{L}_D =& E_{(I,t)\sim p_{\text{data}}}[\log D(I, \varphi_t)] \\ &+ E_{s_0\sim p_{G_0}, t\sim p_{\text{data}}}[\log(1 - D(G(s_0, \hat{c}), \varphi_t)] \end{aligned} \tag{7-7}$$

$$\begin{aligned} \mathcal{L}_G =& E_{s_0\sim p_{G_0}, t\sim p_{\text{data}}}\left[\log\left(1 - D\left(G\left(s_0, \hat{c}\right), \varphi_t\right)\right)\right] \\ &+ \lambda D_{\text{KL}}\left(\mathcal{N}\left(\mu\left(\varphi_t\right), \Sigma\left(\varphi_t\right)\right) \| \mathcal{N}(0, I)\right) \end{aligned} \tag{7-8}$$

在 Stage-II GAN 中不再含有随机噪声 z，随机性数据已经包含在输入图片内。条件变量 $\hat{c}$ 会与 $\hat{c}_0$ 共享同样的参数，并产生同样的文本向量 φ_t，但会生成不一样的均值和标准差。Stage-II GAN 通过补充那些遗漏的文本信息来使输出图像更清晰。

下面我们来看一下 StackGAN 的实验效果。对于第一版的 StackGAN，图 7-14 是在 CUB 数据集情况下，文本生成图像在两个 Stage 下的图像生成效果。图 7-15 是 StackGAN 中使用条件增强技术对于网络的改善。图 7-16 在文本向量中插值来展示 StackGAN 在隐含空间中的平滑特性。

我们也可以比较一下 StackGAN 与之前的 GAN 方法在生成图像质量上的提升。第一组是 CUB 数据集的生成效果比较，如图 7-17 所示，第二组是 Oxford-102 数据集和 COCO 数据集的生成效果比较，如图 7-18 所示。在生成质量上确实要优于之前的 GAN-INT-CLS 方法。

图 7-14　StackGAN 在 CUB 数据集的生成效果

图 7-15　StackGAN 中使用条件增强技术的生成效果优化

The bird is completely red → The bird is completely yellow

This bird is completely red with black wings and pointy beak →
this small blue bird has a short pointy beak and brown on its wings

图 7-16 StackGAN 的文本向量空间插值效果

文本描述	This bird is red and brown in color, with a stubby beak	The birdis short and stubby with yellow on its body	A bird with a medium orange bill white body gray wings and webbed feet	This small black bird has a short, slightly curved bill and long legs	A small bird , with varying shades of brown with white under the eyes	A small yellow bird with a black crown and a short black pointed beak	This small bird has a white breast, light grey head, and black wings and tail
64×64 GAN-INT-CLS							
128×128 GAWWN							
256×256 StackGAN-v1							

图 7-17 StackGAN-v1 与其他生成器在 CUB 数据集的效果比较

文本描述	This flower has a lot of small purple petals in a dome-like configuration	This flower is pink, white, and yellow in color, and has petals that are striped	This flower has petals that are dark pink with white edges and pink stamen	This flower is white and yellow in color, with petals that are wavy and smooth	A picture of a very clean living room	A group of people on skis stand in the snow	Eggs fruit candy nuts and meat served on white dish	A street sign on a stoplight pole in the middle of a day
64×64 GAN-INT-CLS								
256×256 StackGAN-v1								

图 7-18 StackGAN-v1 与其他生成器在 Oxford-102 和 COCO 数据集的效果比较

7.3.2 层级式图像生成的优化：StackGAN-v2

为了让 StackGAN 能够更加通用，适用于各种尺寸的输出图像。StackGAN 的研究者又提出了 StackGAN-v2 版本 [23]，图 7-19 是改进后的网络结构图。

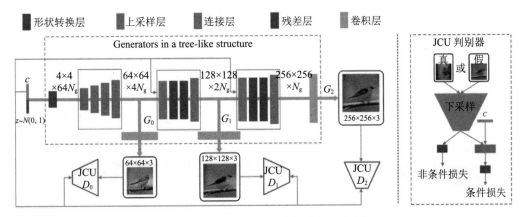

图 7-19 StackGAN-v2 网络结构图（见彩插）

这里直接来看一下 StackGAN-v2 的生成效果，如图 7-20 所示，从左到右分别是在 ImageNet 与 LSUN 数据集下，StackGAN-v2 中三个生成器 G_0、G_1、G_2 生成的 $64 \times 64 \times 128 \times 128 \times 256 \times 256$ 像素图片。

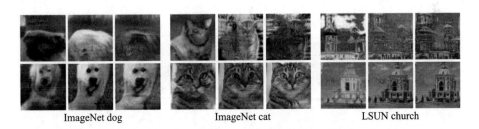

图 7-20 StackGAN-v2 的层级式生成效果

图 7-21 是各类情况下 StackGAN-v2 的生成效果。

在无条件图像生成情况下，对比 StackGAN-v2 与其他 GAN 生成图像的质量，这里的对比模型是之前章节中介绍过的 DCGAN 与 WGAN（见图 7-22）。

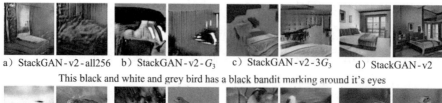

a）StackGAN-v2-all256　　b）StackGAN-v2-G_3　　c）StackGAN-v2-3G_3　　d）StackGAN-v2

This black and white and grey bird has a black bandit marking around it's eyes

e）StackGAN-v2-all256　　f）StackGAN-v2-G_3　g）StackGAN-v2-no-JCU　h）StackGAN-v2

图 7-21　各类情况下的 StackGAN-v2 生成效果

DCGAN 采样　　　　　　　　　　　　　WGAN 采样

StackGAN-v2 采样（256×256）

图 7-22　StackGAN-v2 与 DCGAN 与 WGAN 的无条件生成效果

StackGAN-v1 与 StackGAN-v2 的比较：从图 7-23 可以看到 v1 版本存在模式崩

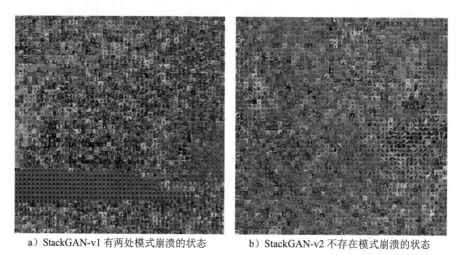

a）StackGAN-v1 有两处模式崩溃的状态　　　b）StackGAN-v2 不存在模式崩溃的状态

图 7-23　StackGAN-v1 与 StackGAN-v2 的对比（见彩插）

溃的问题，在用框标注的区域反复产生一模一样的数据，而 StackGAN-v2 则完全没有模式崩溃的情况发生。

StackGAN 与 StackGAN++ 的作者在 GitHub 上开源了 StackGAN 与 Stack-GAN++ 的代码，读者可以下载源码进一步研究。此外，在这两者的基础上他们最近也发布了最新研究 AttnGAN[24]，提出了一种细粒度的文本到图像生成方法，感兴趣的读者可以继续阅读参考文献。

7.4 本章小结

在条件式生成对抗网络的基础上，本章介绍了基于文本的图像生成网络。7.1 节提供了文本到图像生成的整体思路，首先需要从文本中提取特征信息，再从特征信息来进一步生成图像。7.2 节中在上述基础上介绍了一种进阶模型 GAWWN，可以在文本条件的前提下增加生成图像中物体的位置与姿态。为了实现更高质量的文本到图像的生成，7.3 节中介绍了一种层级式的生成对抗网络 StackGAN 与 StackGAN-v2，通过层级的设计来产生高质量的图像输出。

第 8 章

图像到图像的生成

在之前的章节中我们已经介绍了多种条件式生成的模型，其中不仅有基于条件分类的图像生成，也包含了基于文本信息的图像生成。在本章中，我们来看一下更加复杂的情况，能否把更为复杂的图像数据作为生成对抗网络的输入条件，实现图片到图片的生成。

8.1 可交互图像转换：iGAN

8.1.1 可交互图像转换的用途

图像生成技术为我们带来了很多便利，尤其是之前提到的文本生成图像，用户简单输入一段文字就可以生成想要的图像。畅想一下文本到图像应用场景，这对于文字创作者来说可以非常低成本地制作出文字配图，而对于漫画创作者来说，通过情节生成草图则能够极大地提高创作效率。但如果一切仅从文本出发似乎又显得单调了一些，如果我们想描述一个事物，有时最简单的方法可能不是通过文字，而是随手画一个草图。

iGAN 的研究者提出了一个非常有趣且实用的场景，他们认为可视化的交流是非常重要的，可以说是生活中必不可少的，但大部分人并不具备视觉方面的创作能力，他们不是画家，没有办法画出惟妙惟肖的图来表达自己的观点和想法[25]。列举一个线上购物的例子，你想买一双曾经看到过的靴子，你大致知道这个靴子的式样、颜色、款式，但是无法准确地用文字描述出来，而且你也不具备非常强的绘画功底，这时似乎就缺少了一种表达方式来让线上购物平台知道你的想法。通常在这样的场景下，大部分人只有选择放弃。

　　iGAN 的研究者希望能够提出一种图像到图像的生成模型，让用户可以简单几笔画出自己脑海中的物体形象，虽然只是草图的形式，可能并不完整甚至有些抽象，但是模型可以自动进行图像转换，生成对应的真实图像。如图 8-1 所示，用户希望构建一幅风景画，首先他使用绿色的画笔在区域的下半部分画了一笔，代表草地，右边第一行是模型生成的草地。然后用户用灰色虚线勾勒出山所在的区域，这时模型输出为右边第二行，出现了山与草原的场景。最后一步使用蓝色画笔在区域顶部画一笔，代表蓝色的天空，右边最下一行则表示最终的输出图像。

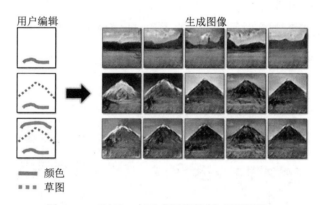

图 8-1　iGAN：交互式图像绘制（见彩插）

此外，iGAN 也支持用户对现有图像进行简单的修改。如图 8-2 所示，用户在对一双

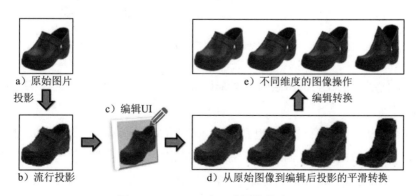

图 8-2　iGAN：交互式图像修改

普通的黑色皮鞋进行简单的编辑，核心步骤是编辑 UI：用户使用笔刷对原始图像中的鞋子进行上方的拉伸，最终鞋子的造型转变为长款。但要实现中间这一步有一个重要的前提——我们先要将原始图像投射到低维度的自然图像流形中，在这个低维度流形中的每一个图像都可以对应到真实的自然图像。

8.1.2　iGAN 的实现方法

　　首先我们再介绍一下什么是自然图像流形（natural image manifold）。假设把图像数据的全集看作一个高维度空间，其中包含了各式各样的图像，它的维度只和像素有关，与内容无关。自然图像是指真实世界的图像，即人类可以理解的图像，比如风景、物体等，我们把自然图像数据集看作图像数据全集的一个低维度流形，类似图 8-3 所示，在这个流形上的所有数据都能够对应到一张人们可以理解的自然图像，且数据间具有连续性，随着点在流形上移动，输出的图像数据也会发生连续的变化。

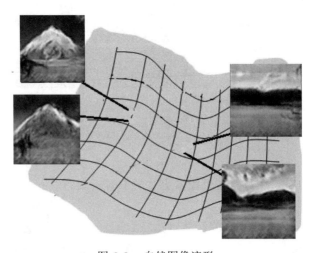

图 8-3　自然图像流形

　　iGAN 使用了生成对抗网络的方案来近似产生自然图像流形，选择 GAN 有以下几点原因。

　　第一点，从之前的章节我们也看到了，像 DCGAN 这样的图像生成网络擅长于制作高质量的图像输出，当我们的训练集在一定范围内时，生成效果会变得非常好。有时 GAN 在细节上可能还是不能满足需求，但是从图 8-4 所示的随机输出来看，GAN 基本能输出一个合理且可理解的效果。

图 8-4　GAN 生成的服装类图像示例

　　第二点是自然图像流形的相邻图像数据应该在图像感知上也具备相似性，而这一点也和 GAN 的设计非常接近。当 GAN 隐含空间输入数据很接近的时候，输出的图像也是非常类似的，如图 8-5 所示，这三组数据分别是三组非常接近的隐含空间数据所对应的图像，虽然细节不同，但大体的结构都是非常相似的。

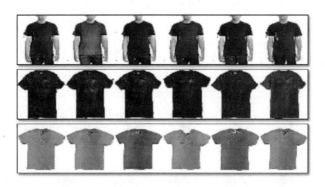

图 8-5　GAN 隐含空间的图像连续性

　　第三点是自然图像流形中两点之间的图像连续性，换句话说，是指从一个点到另一个点应该可以实现平滑切换。在 DCGAN 中我们已经又看到过类似的应用，通过线性地插值我们可以看到图 8-6 所示的效果，从左到右形成一个渐进式的变化。

图 8-6   GAN 线性插值后的图像变化

基于以上三点，GAN 很好地满足了我们所希望的自然图像流形的所有特性。下面再来看 iGAN 是如何运行与实现的。

图 8-2 中的例子其实已经囊括了 iGAN 的核心流程，总结一下可以分为三个步骤：首先，将目标图片降维到自然图像流形上，GAN 可以用一个隐含特征向量还原原始图片。接着，我们通过改变这个输入的隐含特征向量，保证更新后的图像能够既满足用户的编辑，也能够接近自然图像流形。这样我们就可以实现交互式图像的修改了。如果是应用到交互式创作图片的话，第一步的原始图像可以直接由 GAN 随机产生，之后的步骤也与上述类似。

图 8-7 展示了一个更直观的例子，通过 iGAN 进行鞋子的创作，初始化的是一个随

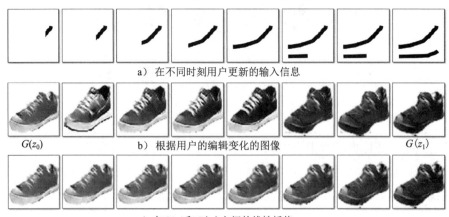

a）在不同时刻用户更新的输入信息

$G(z_0)$ b）根据用户的编辑变化的图像 $G(z_1)$

c）在 $G(z_0)$ 和 $G(z_1)$ 之间的线性插值

图 8-7   使用 iGAN 绘制鞋子

机的鞋子。第一行从左至右是用户的编辑，第二行则是 iGAN 对应的输出，最后一行我们将最初的输出图像和最终的输出图像之间做一个线性差值，可以和第二行进行一个简单的对比。

在这里有一点需要注意，在图像转换的过程中，生成模型会丢失原始图像中的细节部分，iGAN 中使用了一些插值的技术来尽可能地还原图像细节。在实现细节上，iGAN 基本是参考了 DCGAN 的网络结构，在实验中使用的是 Titan X GPU，大约每次更新需要 50~100ms，最终导出生成的高清图像需要 5~10s。

8.1.3　iGAN 软件简介与使用方法

iGAN 的完整代码已经由伯克利大学与 Adobe 实验室共同完成，并开源在 GitHub 上，所有人都可以自行下载体验及使用。所有代码都是用 Python 2 完成的，在使用之前需要在计算机上安装必要的第三方库。

安装 numpy，一个开源的 Python 科学计算库。

```
$ sudo pip install numpy
```

安装 OpenCV，一个非常流行的图像处理框架，常用于学术领域和商业用途，支持 C++、Python、Java 等多种编程接口。

```
$ sudo apt-get install python-opencv
```

安装 Theano，一个与 TensorFlow 非常类似的机器学习框架，Ian 与 Yoshua Bengjo 也是它的早期开发者，iGAN 的代码是基于 Theano 开发的。

```
$ sudo pip install --upgrade --no-deps git+git://github.com/Theano/Theano.git
```

安装 PyQt，用于软件的图形界面。此外还需要安装一个 PyQt 的图形库组件 QDarkStyleSheet，用于表单的设计。

```
$ sudo apt-get install python-qt4
$ sudo pip install qdarkstyle
```

安装 Dominate，用于使用 Python 操作 HTML。

```
$ sudo pip install dominate
```

代码在 GTX Titan X + CUDA 7.5 + cuDNN 5 的环境下进行过测试，为了可以能够很好地在 GPU 上运行程序，还需要根据官方教程安装 CUDA 和 cuDNN。

安装完这些要求的库之后，我们可以从 GitHub 上复制 iGAN 的源码。

```
$ git clone https://github.com/junyanz/iGAN
$ cd iGAN
```

接着我们需要下载对应的模型文件。项目方目前提供的模型文件有五类，分别是室外场景、教堂、手提袋、鞋子以及鞋子的手绘稿。下面的命令行代码表示下载室外场景的模型。

```
$ bash ./models/scripts/download_dcgan_model.sh outdoor_64
```

最后我们可以运行 Python 脚本执行软件。

```
$ THEANO_FLAGS='device=gpu0, floatX=float32, nvcc.fastmath=True' python iGAN_main.py
    --model_name outdoor_64
```

这里介绍一下 iGAN 可交互式图片生成软件的 UI 界面，如图 8-8 所示，这是最终用户端的展示状态。

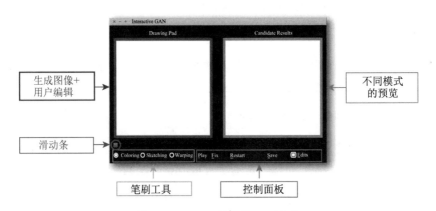

图 8-8　iGAN 软件的 UI 界面

对图 8-8 的布局做一下说明，上方左侧的白色框为用户的主输入输出界面，在这个区域内用户可以进行画图和图像编辑，生成的图像也会以背景的形式展现在这个框内。右侧的白框区域为输出图像的备选结果，因为生成的结果通常是多样的，用户可以根据自己的喜好选择想要的输出。中间的滑动条用来进行插值操作，可以探索输出结果和最初随机生成图像之间的内容。在下方的工具栏可以选择笔刷的种类，颜色笔刷用来改变特定区域的色彩，草图笔刷用来勾勒形态，形变笔刷用来改变物体的形状。最后的控制面板区域可以播放差值序列的输出，固定当前的设置，重启整个软件系统，保存当前输出到网页中，等等。

在软件的使用交互上，使用彩色笔刷时可以通过右击来选择颜色，按住鼠标左键拖动进行画图，使用鼠标滚轮可以改变线的粗细。草图笔刷也是类似的用法，长按左键作画即可。形变笔刷需要在草图和颜色画完之后使用，右击选择区域，长按左键改变区域，滚动鼠标滚轮来调节所选区域的尺寸。

图 8-9 是使用软件生成图像的三个案例。前两张图为不同造型和颜色的教堂建筑，第三张图是户外自然风光。可以发现，用户只需要简单勾画出大致的样子和颜色，软件就可以输出逼真的效果图，这一功能可以大大提高用户的作图效率，不需要高超的画图功底也可以达到令人满意的效果。

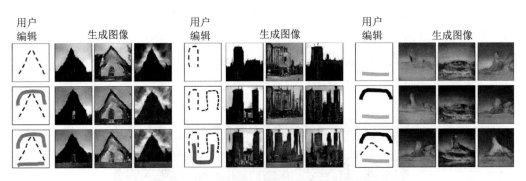

图 8-9　iGAN 软件生成的三个案例（见彩插）

图 8-10 展示了 iGAN 对于原始图片修改的使用，用户的操作显示对图像左边区域进行一个向内的形变，其次是使用颜色画笔对手提包的颜色进行修改。第二行的数据是用户编辑过程中的图像变化，第一行则是输入数据与最终数据之间插值产生的结果。

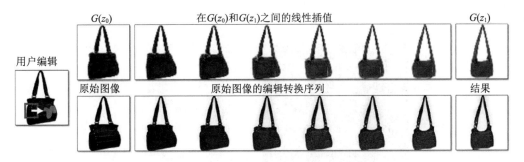

图 8-10　iGAN 图片修改的可视化对比图

iGAN 发表于 2016 年，开启了 GAN 在图像到图像生成中的应用，该论文的作者也在发表了 iGAN 之后继续提出了非常著名的 Pix2Pix 与 CycleGAN，后面几节中会对其进行详细说明。

8.2 匹配数据图像转换：Pix2Pix

8.2.1 理解匹配数据的图像转换

从 iGAN 的研究中我们发现图像到图像的生成在应用中的潜力，在解决很多实际生活中的问题时，我们都希望能够通过输入的图像生成希望的对应图像。如图 8-11 所示，将黑白图像转变成彩色图像，这对于复原黑白会有很大的帮助。图 8-12 所示是将航拍的街道图像转换为地图图像输出，可以有效减少绘制地图的时间。图 8-13 的应用和 iGAN 类似，可以将手绘的草图转化为真实事物的照片。

图 8-11　黑白图像转换为彩色图像（见彩插）

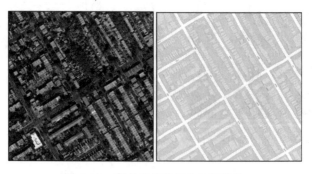

图 8-12　航拍图像转换为地图图像

图 8-13　手绘图像转换为实物图像

我们发现虽然这些应用的应用点有所不同，但是在技术层面其实都是从图像到图像的转换，完全可以采用同样的结构和模型并应用到各自的数据集中。研究者希望研发出一套图像转换的解决方案，它能够面向所有匹配图像数据集的训练与生成。

匹配数据集是指在训练集中两个互相转换的领域之间有很明确的一一对应的数据。比如上面三个例子中，第一个例子中的训练集里黑白照片会对应一张彩色照片，第二个例子中的航拍照片会对应已有的地图图片，最后一个例子中的草图手绘稿会对应实物照片。

在工程实践中，研究者需要自己去收集这些匹配数据，但有的时候同时去采集两个不同领域的匹配数据是比较麻烦的，通常采用的方案是从更完整的数据中还原简单数据。比如图 8-11，我们可以直接将彩色图片通过图像处理的方法转为黑白图片，对于图 8-13，我们也可以用边缘提取技术将手提包的真实图片提取边缘来模拟手绘草图的样子。当然这一方法也不适用于所有情况，图 8-12 的例子我们就没办法直接转移，而是需要到谷歌地图上直接去找匹配的航拍图和地图，还有图 8-14 中黑夜与白天的转换，也需要事先去收集大量同一场景的白天和黑夜的照片。

由于存在匹配数据集，深度学习领域的研究者已经尝试使用卷积神经网络来解决这类"图像翻译"问题。但和第 7 章中文本到图像生成时遇到的问题类似，最终的图像会非常模糊，因为卷积神经网络会试图让最终的输出接近所有类似的结果。而生成对抗网络可以很好地避免这一问题，本节要重点介绍的 Pix2Pix 正是基于生成对抗网络的匹配数据图像转换的解决方案。

图 8-14　白天的图像转换成黑夜的图像

8.2.2　Pix2Pix 的理论基础

Pix2Pix 最初出现在 iGAN 的作者在 2017 年发表的论文 [26] 中，同样采用了 cGAN 的思想，将输入的图像作为生成对抗网络的条件。在网络结构的设计上，Pix2Pix 基本参考了 DCGAN 的结构，使用了卷积层、批归一化以及 ReLU 激活函数。

图 8-15 展示了 Pix2Pix 使用 cGAN 训练生成对抗网络的思路，这里是手绘鞋子和真实鞋子图像的一组配对数据，生成器通过作为条件的手绘数据生成了左图中的鞋子，然后我们将两者放入判别器中，判别器应该判断为假，而当我们将真实的配对数据输入时，判别器应该判断为真。

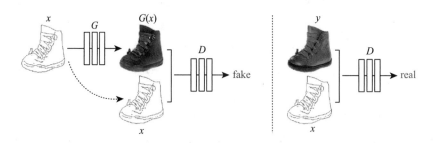

图 8-15　Pix2Pix 框架示意图

我们先来重温一下之前提到过的 cGAN 的目标函数，如式 (8-1) 所示，其中 $D(x, y)$ 表示真实配对数据输入图像 x 与输出图像 y 对于判别器 D 的结果，而 $D(x, G(x, z))$ 则是 x 经过生成器产生的图像 $G(x, z)$ 对于判别器判断的结果。

$$\mathcal{L}_{\text{cGAN}}(G, D) = E_{x,y}[\log D(x, y)] + E_{x,z}[\log(1 - D(x, G(x, z)))] \tag{8-1}$$

除了上面的 cGAN 优化函数以外，Pix2Pix 的论文里还提到可以加入 L1 Loss 作为传统的损失函数对网络加以优化。

$$\mathcal{L}_{\text{L1}}(G) = E_{x,y,z}\left[\|y - G(x,z)\|_1\right] \tag{8-2}$$

最终的生成器目标函数如下所示，其中 λ 为超参量，可以根据情况调节，当 $\lambda = 0$ 时表示不采用 L1 Loss 的损失函数。

$$G^* = \arg\min_{G}\max_{D}\mathcal{L}_{\text{cGAN}}(G, D) + \lambda\mathcal{L}_{\text{L1}}(G) \tag{8-3}$$

此外这里还要说明一点，在 cGAN 中虽然没有随机参量 z，其实整个网络也是可以运行的，但这导致的结果是生成器的每一个输入都会对应一个确定的输出结果。

下面我们来看一下 Pix2Pix 在不同状态下的测试结果，调节公式中的 λ 有以下三种情况：仅使用传统的 L1 Loss，仅使用 cGAN 以及同时使用两者的目标函数，结果如图 8-16 所示。

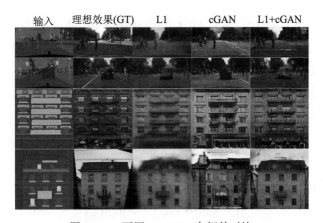

图 8-16　不同 Pix2Pix 之间的对比

更多具体数据的测试结果如表 8-1 所示，分别计算了五种组合情况下的像素精确度、分类精确度以及分类 IoU（Intersection over Union，一种计算预测区域与真实区域重叠部分占比的计算方法），L1+cGAN 的组合在各项指标中都是最接近理想状态的。

从图 8-16 中我们会发现 L1 Loss 的输出结果是大致接近原始图像的，但是由于之前提到传统深度学习的问题所导致的是生成图像非常模糊，而使用 cGAN 所生成的图像则具备了细节清晰的效果，但是它的问题在于额外添加了很多不必要的细节，有的时候在细节上与原本的真实图像差距较大。最后一组 L1+cGAN 的输出是比较令人满意的，综合了两者的特性，既完善了细节，也保证了一致性。

表 8-1　不同损失函数的精确度比较

损失函数	像素精确度	分类精确度	分类 IoU
L1	0.42	0.15	0.11
GAN	0.22	0.05	0.01
cGAN	0.57	0.22	0.16
L1+GAN	0.64	0.20	0.15
L1+cGAN	0.66	0.23	0.17
理想情况	0.80	0.26	0.21

我们可以总结出 L1 Loss 是用于生成图像的大致结构、轮廓等，也可以说是图像的低频部分。而 cGAN 则主要用于生成细节，是图像的高频部分。Pix2Pix 在这一点上进行了一个优化，研究者认为既然 GAN 仅用于高频部分的生成，那么在训练过程中也没有必要把整个图像都拿来做训练，仅需要把图像的一部分作为判别器的接收区域即可，这也就是 PatchGAN 的思想。PatchGAN 由于参数更少，因此可以使得训练过程变得更加高效，同时也可以针对更大的图像数据集进行训练。

在 Patch 的大小上 Pix2Pix 也进行了测试，针对原始图像为 286×286 的情况分别采用了 1×1 像素（称为 PixelGAN）、16×16 像素、70×70 像素以及全图 286×286 像素（称为 ImageGAN），结果如图 8-17 所示。相比于模糊的 L1 生成图像，PixelGAN 虽然未能在图像细节上改进，但是在色彩上已经优于原始 L1 的方案。16×16 和 70×70 的 PatchGAN 均取得了比较不错的效果，相比之下 70×70 的在色彩还原和图像细节上都更胜一筹，而最后 ImageGAN 和 70×70 的 PatchGAN 相差不大。在最终的数据结果（见表 8-2）中，70×70 的 PatchGAN 取得了最好的成绩。

图 8-17　不同 Patch 大小的 Pix2Pix

在生成器的设计上，最简单的想法是采用图 8-18 左图所示的编/解码器网络，通过左侧的不断下采样到达中间的隐含编码层，然后再通过右侧的上采样来还原图像。在 Pix2Pix 的应用中，这样的方案是可行的，但是似乎少用了一些匹配图像数据中已有的信息。

表 8-2 不同判别器接受区域的精确度比较

判别器接受区域	像素精确度	分类精确度	分类 IoU
1×1	0.39	0.15	0.10
16×16	0.65	0.21	0.17
70×70	**0.66**	**0.23**	**0.17**
286×286	0.42	0.16	0.11

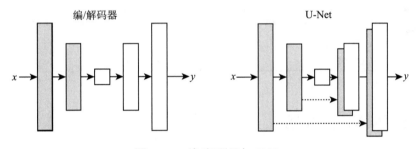

图 8-18 编/解码器与 U-Net

让我们来重新看一下大部分图像到图像的生成有什么特点。我们会发现虽然匹配数据的风格或样式不同，但是整体的框架和结构是类似的，甚至图 8-11 中黑白照片与彩色照片的配对数据集两者的图像边缘是完全重合的。为了能够利用到这类信息，也可以使用图 8-18 右侧的 U-Net 结构 [27]，它与自动编码器网络的不同之处是，左侧和右侧的网络之间添加了很多跳跃连接，可以将部分有用的重复信息直接共享到生成器中。

图 8-19 显示了使用传统编/解码网络与 U-Net 之间的差别，在仅使用 L1 Loss 和 L1+cGAN 的情况下，U-Net 都具备了比较高的清晰度，生成了更高质量的图像数据。表 8-3 记录了四种组合情况下三种准确度的比较，使用 U-Net 的 L1+cGAN 方案在各种精度计算下都表现得最优。

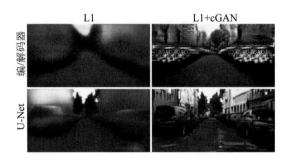

图 8-19   传统编/解码器与 U-Net 的比较

表 8-3   不同损失函数的精确度比较

损失函数	像素精确度	分类精确度	分类 IoU
编/解码器（L1）	0.35	0.12	0.08
编/解码器（L1+cGAN）	0.29	0.09	0.05
U-Net（L1）	0.48	0.18	0.13
U-Net（L1+cGAN）	**0.55**	**0.20**	**0.14**

8.2.3   Pix2Pix 的应用实践

Pix2Pix 不仅是一个在研究领域非常成功的作品，同时在社区中也因开源而变得非常知名。计算机视觉、图像图形学等领域的从业人员，包括一些视觉艺术家纷纷在它的代码基础上展开了自己的项目，使得 Pix2Pix 的应用在社区的驱动下变得更完善。

由于 Pix2Pix 的最原始代码是使用 Torch 编写的，项目的官网上也提供了社区开发者 Christopher Hesse 改写的 TensorFlow 版本。本书以 Pix2Pix 的 TensorFlow 版本为例来介绍如何使用 Pix2Pix 创造我们的图像。在介绍之前，我们先来看一下基于 Pix2Pix 的 TensorFlow 提供的可交互示例（网址为 https://affinelayer.com/pixsrv/）。

如图 8-20 和图 8-21 所示的交互示例可以在网页上根据用户编辑的草图生成猫咪或是根据输入的方块来生成建筑物，整个过程所用时间很短，可以直接在网页上体验。

在使用 Pix2Pix-TensorFlow 之前先确认计算机上已经安装了 CUDA、cuDNN 以及 TensorFlow。

从 GitHub 上复制项目到本地。

```
git clone https://github.com/affinelayer/pix2pix-tensorflow.git
cd pix2pix-tensorflow
```

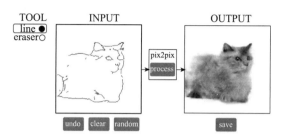

图 8-20　Web 软件试用：手绘生成猫咪

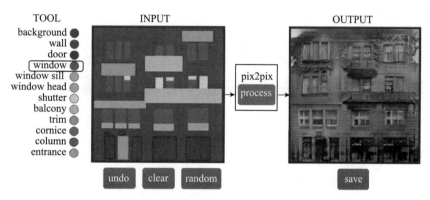

图 8-21　Web 软件试用：输入方块生成建筑物（见彩插）

　　项目代码中已经包含了下载数据集的代码，可以直接运行进行下载，这里的例子包含了五种数据集，分别为建筑物、城市风景、地图、鞋子草图、手提包草图，用户可以根据自己的需要进行下载。

```
python tools/download-dataset.py facades
python tools/download-dataset.py cityscapes
python tools/download-dataset.py maps
python tools/download-dataset.py edges2shoes
python tools/download-dataset.py edges2handbags
```

　　下载完成后可以使用代码进行训练，针对不同的 GPU 可能需要 1~8 小时不等，如果只有 CPU 的话时间会非常久，对于还没有 GPU 的读者，建议使用 GPU 云机进行训练。这里使用建筑数据集进行训练。

```
python pix2pix.py \
  --mode train \
  --output_dir facades_train \
  --max_epochs 200 \
```

```
--input_dir facades/train \
--which_direction BtoA
```

一些参数的使用说明如下：

- mode：在训练时为"train"，测试时为"test"。
- input_dir：训练图像数据集的文件夹位置。
- output_dir：保存模型的文件夹。
- which_direction：用来确定训练的方向，AtoB 或 BtoA。
- max_epochs：设置最大迭代次数。
- output_filetype：输出格式可以为 png 或 jpg。

完成训练后可以使用测试代码进行测试。

```
python pix2pix.py \
  --mode test \
  --output_dir facades_test ' \
  --input_dir facades/val \
  --checkpoint facades_train
```

如果计算机上有安装 Docker，可以不用安装环境，直接通过 Docker 来运行训练代码和测试代码。

训练模型：

```
python tools/dockrun.py python pix2pix.py \
    --mode train \
    --output_dir facades_train \
    --max_epochs 200 \
    --input_dir facades/train \
    --which_direction BtoA
```

测试模型：

```
python tools/dockrun.py python pix2pix.py \
    --mode test \
    --output_dir facades_test \
    --input_dir facades/val \
    --checkpoint facades_train
```

此外，项目还提供了一些工具来帮助用户创造自己的训练集。如图 8-22 所示为用自己的数据来实现图像的补全，需要对原始数据进行一系列操作，首先是调整尺寸，然后需要挖空，最终形成匹配数据对。

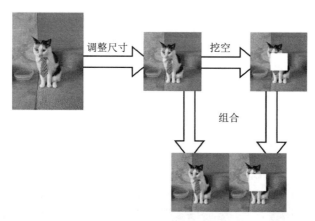

图 8-22 创造自己的数据集

使用项目中的工具来实现上述数据集的建立。

尺寸调整:

```
python tools/process.py \
  --input_dir photos/original \
  --operation resize \
  --output_dir photos/resized
```

中间挖孔:

```
python tools/process.py \
  --input_dir photos/resized \
  --operation blank \
  --output_dir photos/blank
```

匹配数据对:

```
python tools/process.py \
  --input_dir photos/resized \
  --b_dir photos/blank \
  --operation combine \
  --output_dir photos/combined
```

分别放入训练集与验证集:

```
python tools/split.py
  --dir photos/combined
```

如果你已经有了自己做好的训练集,且匹配数据之间命名、尺寸大小都相同,则可以直接使用工具箱中的 process.py。

```
python tools/process.py \
  --input_dir a \
  --b_dir b \
  --operation combine \
  --output_dir c
```

如图 8-23~图 8-29 所示分别是一些不同场景下使用 Pix2Pix 的效果图。当然 Pix2Pix 也并非在所有情况下都表现得非常好，图 8-30 就展示了几个 Pix2Pix 失败的案例。

图 8-23   模拟图片与道路实景转换（见彩插）

图 8-24   方块积木与建筑物图片转换

输入   理想效果   输出

图 8-25   白天黑夜转换

输入   理想效果   输出

图 8-26   背包手绘稿与实物图转换

输入   理想效果   输出

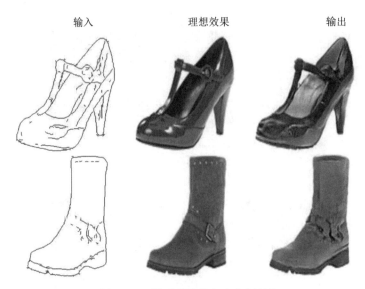

图 8-27　鞋子手绘稿与实物图转换

输入   理想效果   内容编辑器的还原效果   Pix2Pix的还原效果

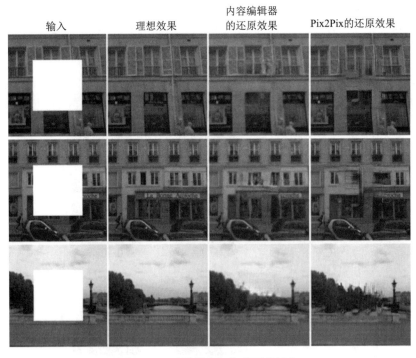

图 8-28　残缺图片与完整图片转换

图 8-29　夜视图片与实景图片转换

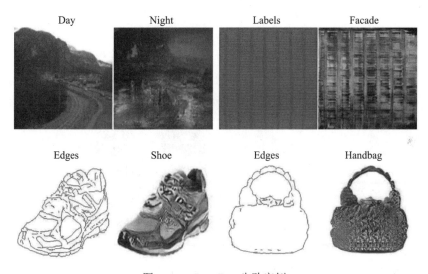

图 8-30　Pix2Pix 失败案例

8.3　非匹配数据图像转换：CycleGAN

8.3.1　理解非匹配数据的图像转换

　　8.2 节中的 Pix2Pix 可以很好地处理匹配数据集的图像转换，但是在很多情况下匹配数据集是没有的或者很难收集到，但我们可以拿到两个领域中的大量非匹配数据。另外，根据图 8-14 中提到的白天黑夜照片转换，我们可以想象一下收集大量无相关的白天黑夜照片很简单，但要收集那么多匹配的白天黑夜的照片就很耗时了。工程上确实可以在同一场景采集白天和黑夜的照片，这导致的是在实际操作中时间和工程量消耗巨大。

让我们通过图 8-31 来认识一下匹配数据与非匹配数据的差别，左图中是鞋子轮廓草图和实物图的匹配数据，每一双鞋子都能找到对应的手绘稿，在实际训练集的采集过程中即使没有手绘稿，也可以通过边缘提取技术等制造出配对数据。现在设想一下另一个场景，我们希望能够实现风景照的莫奈印象派风格化转换，把照片中的场景转变成画作中的样子，但是通常训练集中是没有风景照的印象派版本的，如图 8-31 的右图所示是两类完全没有关联的数据，第一组 X 是大量的风景图片，而右边 Y 则是莫奈的印象派风格画作。我们需要另一种新的方法来应对这类问题。

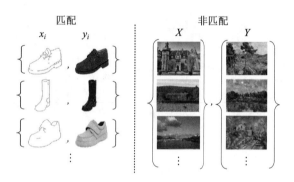

图 8-31   匹配数据与非匹配数据

在 2017 年同时有两篇非常相似的论文 CycleGAN 和 DiscoGAN 提出了一种解决非匹配数据集的图像转换方案[28-29]。其中 CycleGAN 的作者团队也是前两节介绍的 iGAN 与 Pix2Pix 的研究团队，可以说在图像到图像生成的领域，该伯克利大学的研究团队做出了非常大的贡献。

我们先用 CycleGAN 中给出的概念来畅想一下非匹配数据图像转换实现后的应用场景。对于之前图 8-31 右图的训练集，我们可以通过 CycleGAN 来实现莫奈印象派作品与真实风景照的互相转换。如图 8-32 所示，当我们将莫奈的画作转换成风景照后，似乎也可以想象当时莫奈作画时候面对的风景，而当我们将自己的照片转换为莫奈印象派风格画作时，也不需要支付一大笔钱来请一个绘画高手了。

图 8-32　莫奈画作与实景的互相转换（见彩插）

运用同样的能力我们也可以创作出更多不同风格的画作，比如图 8-33 里展示的莫奈风格、梵·高风格、塞尚风格和浮世绘风格，一切都是基于我们输入的风景照，但是却能以不同风格的艺术手段展现出来。

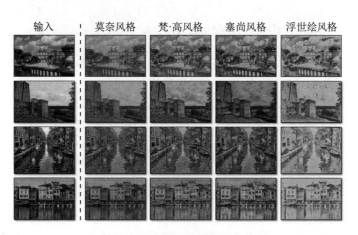

图 8-33　实景的各类画风转换

其实对于照片的风格转换，读者可能了解到已经有研究者提出过别的方案而且效果不错。其中比较流行的方法是通过卷积神经网络将某个画作中的风格叠加到原始图片上，如图 8-34 所示。但这类方法和本节中的概念不同点在于，它是将两张特定的图片之间进行转换，而我们希望这种转换是存在于两个图像领域中的。

图 8-34   神经网络风格转换（见彩插）

我们把思维从照片风格化的例子里拉回现实中，看看还能做些什么，是不是可以做一些时间维度的上的转变呢？如果说之前图 8-14 例子中的白天和黑夜时间跨度还不够大的话，图 8-35 可以实现风景图片中夏天与冬天场景的互相转换。这对于 Pix2Pix 这样的匹配数据训练几乎是难以实现的。

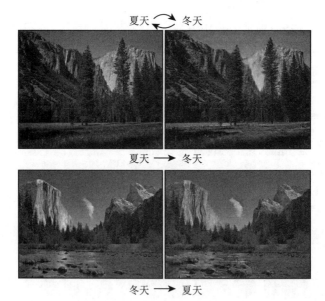

图 8-35   夏天与冬天的风景照转换

CycleGAN 给出的例子里最有趣同时也是最著名的就是图 8-36 中的斑马与马的互相转换，这是大自然中天然的都属于马科但是外观风格完全不同的经典例子。由于动物的行为常是动态的，我们没有办法分别捕捉同一场景同一姿势的斑马与马的照片，只有采用非匹配数据集的方法才可以实现它们之间的转换。

斑马 ⟳ 马

斑马 —→ 马

马 —→ 斑马

图 8-36　斑马与马的风景转换

当然我们也可以在一些软件里发现非匹配数据图像转换的影子，比如一款非常流行的照片处理应用 Faceapp，可将这种转换应用在人脸图像上。图 8-37 是 Faceapp 官网的

微笑　　　　　　　　　　未来的样子

年轻的样子　　　　　　　改变风格

图 8-37　Faceapp 功能示例

介绍图，其中不仅可以对照片中人物的表情进行变化，还能进行年龄和风格的变化。感
兴趣的读者也可以从苹果应用商店或者 Google Play 上下载 Faceapp 进行体验。

8.3.2　CycleGAN 的理论基础

由于 DiscoGAN 的思想与 CycleGAN 几乎是相同的，因此这里我们只对 CycleGAN
进行介绍。由于与 iGAN 和 Pix2Pix 研究团队的相同，整体的思路也是前两者的延续，
因此介绍 CycleGAN 更有助于读者理解。

图 8-38 是 CycleGAN 的一个大体框架，它的核心是通过两个生成对抗网络的合作
组成的。X 与 Y 分别代表两组不同领域的图像数据，第 组生成对抗网络是生成器 G
（从 X 到 Y 的生成）与判别器 D_Y，用于判断图像是否属于领域 Y，第二组生成对抗
网络是反向的生成器 F（从 Y 到 X 的生成）与判别器 D_X，用于判断图像是否属于
领域 X。两个生成器 G 和 F 的目标是尽可能生成对方领域中的图像以骗过各自对应
的判别器 D_Y 和 D_X。

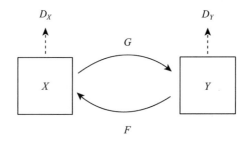

图 8-38　CycleGAN 整体框架

上面的框架似乎非常简单，从直觉上来看通过两组生成对抗网络独立的训练就能够
达成我们的目标，但是仔细思考一下会发现其实是不够的。我们仅拿其中一组举例，如
果生成器 G 希望让判别器 D_Y 认为从 X 转化过来的图像是属于 Y 的，那么最好的方
法是什么呢？其实 G 可以什么都不做，完全不用提取任何和 X 有关的信息，而是直接
从 Y 中生成数据作为输出。可以说独立的训练会导致失去各自条件的意义。

这里需要引入 Cycle-consistency Loss 的概念，这也是 CycleGAN 名字的由来。如
图 8-39 和图 8-40 所示，我们需要将两组生成对抗网络有机地结合起来。首先我们来看
一下图 8-39，在生成器 G 通过条件数据 x 生成为 Y 领域中的数据 $\hat{Y}$ 后，我们需要将
它通过对面的生成器 F 重新还原一个原来领域中的 $\hat{x}$，为了保证一致性，我们希望让 x

和 $\hat{x}$ 尽可能接近，x 和 $\hat{x}$ 之间的距离称为 Cycle-consistency Loss。反之，对于图 8-40 其实也是相同的情况。上述的步骤可以用下面两组公式表达。

$$x \rightarrow G(x) \rightarrow F(G(x)) \approx x \tag{8-4}$$

$$y \rightarrow F(y) \rightarrow G(F(y)) \approx y \tag{8-5}$$

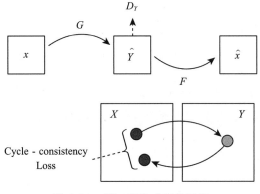

图 8-39　第一组生成对抗网络

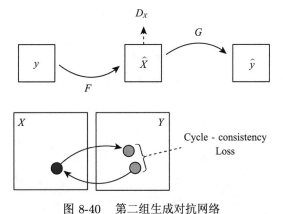

图 8-40　第二组生成对抗网络

针对上述情况，我们可以设计两种目标函数分别对应生成对抗网络的目标函数与 Cycle-consistency Loss。其中前者针对两组生成对抗网络的公式如下。

$$\mathcal{L}_{\mathrm{GAN}}(G, D_Y, X, Y) = E_{y \sim p_{\mathrm{data}}}(y)\left[\log D_Y(y)\right]$$
$$+ E_{x \sim p_{\mathrm{data}}}(x)[\log\left(1 - D_Y(G(x))\right)] \tag{8-6}$$

$$\mathcal{L}_{\mathrm{GAN}}\left(F, D_X, X, Y\right) = E_{x \sim p_{\mathrm{data}}}(x)\left[\log D_X(x)\right]$$
$$+ E_{y \sim p_{\mathrm{data}}}(y)\left[\log\left(1 - D_X(F(y))\right)\right] \tag{8-7}$$

同样，针对 Cycle-consistency Loss，我们可以写成下式，确保生成器产生的数据能够与反向生成的数据基本保持一致。式子中等式的右侧由两项组成，分别对应两个方向各自的情况。CycleGAN 的论文中在这里使用 L1 范数作为损失的计算。

$$\mathcal{L}_{\mathrm{cyc}}(G, F) = E_{x \sim p_{\mathrm{data}}}(x)\left[\|F(G(x)) - x\|_1\right]$$
$$+ E_{y \sim p_{\mathrm{data}}}(y)\left[\|G(F(y)) - y\|_1\right] \tag{8-8}$$

最终，我们可以写出完整的目标函数，如下所示。其中 λ 会调节最终生成数据之间的相关性，λ 越大，则最终生成的内容会与条件图像越接近。

$$\mathcal{L}\left(G, F, D_X, D_Y\right) = \mathcal{L}_{\mathrm{GAN}}\left(G, D_Y, X, Y\right) + \mathcal{L}_{\mathrm{GAN}}\left(F, D_X, Y, X\right) + \lambda\mathcal{L}_{\mathrm{cyc}}(G, F) \tag{8-9}$$

与 GAN 一样，最终的优化函数依然需要解决下面这个极小极大值的问题。

$$G^*, F^* = \arg\min_{G, F}\ \max_{D_X, D_Y}\ \mathcal{L}\left(G, F, D_X, D_Y\right) \tag{8-10}$$

在网络结构的设计上，CycleGAN 参考了李飞飞团队在风格迁移网络方面的研究。图 8-41 为生成器的网络结构，由编码层、转换层和解码层三部分组成。图 8-42 为判别器的网络结构，是一个简单的卷积神经网络，用来判断输入图像是否属于某一分类。

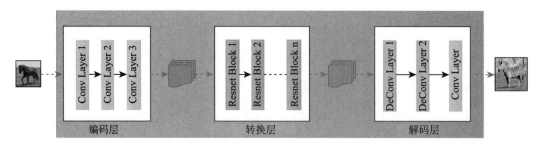

图 8-41　CycleGAN 生成器网络结构

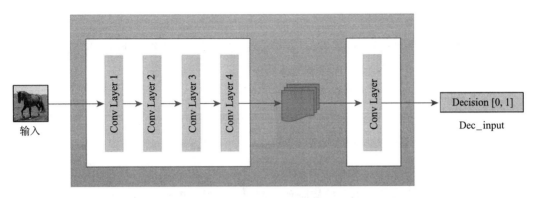

图 8-42 CycleGAN 判别器网络结构

8.3.3 CycleGAN 的应用实践

CycleGAN 的源码已经开源在了 GitHub 上，程序依然是使用 Torch 完成的，目前互联网上已经有了大量使用 TensorFlow 或 Keras 实现的 CycleGAN，如果读者感兴趣，可以参考本书参考文献中提及的一种 TensorFlow 版本的 CycleGAN。

这里介绍一下如何运行 CycleGAN 研究团队提供的源码。我们需要先安装必要的软件和框架。

首先需要在计算机上安装 Torch，其次需要根据下面的命令安装部分 Torch 的包。

```
$ luarocks install nngraph
$ luarocks install class
$ luarocks install https://raw.githubusercontent.com/szym/display/master/display-scm
    -0.rockspec
```

复制 CycleGAN 的项目到本地。

```
$ git clone https://github.com/junyanz/CycleGAN
$ cd CycleGAN
```

项目方提供了一系列数据集，可以通过运行下面的命令行来下载。

```
$ bash ./datasets/download_dataset.sh dataset_name
```

包含的模型有：

- 建筑数据集。
- 城市风景数据集。
- 地图数据集。
- 马和斑马的数据集。

- 苹果与橙子的数据集。
- 约塞米蒂国家公园（Yosemite National Park）夏天和冬天的风景照数据集。
- 风景照与各个艺术风格画作的数据集。
- iPhone 照片与单反照片的数据集。

同样地，项目方提供了与数据集对应的已经训练好的模型，只需运行一下命令即可下载。

```
$ bash ./pretrained_models/download_model.sh <model_name>
```

项目方共提供了 7 种已经训练好的模型，分别是苹果和橙子的互转、马与斑马的互转、四种艺术风格的转换、莫奈风格画作转照片、街景与模拟图的互转、地图和卫星图的互转以及 iPhone 拍摄照片到单反拍摄照片的转换。我们可以尝试使用这些预先训练好的模型来生成图像。

首先下载测试图片。

```
$ bash ./datasets/download_dataset.sh ae_photos
```

接着下载绘画风格为塞尚风格的模型，这里要注意，如果使用 CPU 进行生成，则可以下载对应的 CPU 版本 style_cezanne_cpu。

```
$ bash ./pretrained_models/download_model.sh style_cezanne
```

通过下面这一行命令就可以生成塞尚风格的图片了，最终的结果会保存到./results/style_cezanne_pretrained/latest_test/index.html。

```
$ DATA_ROOT=./datasets/ae_photos name=style_cezanne_pretrained model=
    one_direction_test phase=test loadSize=256 fineSize=256 resize_or_crop="
    scale_width" th test.lua
```

下面我们来看一下如何使用代码进行非匹配数据的训练。

首先下载斑马与马的数据集。

```
$ bash ./datasets/download_dataset.sh horse2zebra
```

在 GPU 环境下运行下面的命令行训练模型。

```
$ DATA_ROOT=./datasets/horse2zebra name=horse2zebra_model th train.lua
```

如果只有 CPU 的话可以运行下面的命令进行模型训练。

```
$ DATA_ROOT=./datasets/horse2zebra name=horse2zebra_model gpu=0 cudnn=0 th train.lua
```

最后，我们可以使用测试数据对模型进行测试，结果会保存至结果文件夹的index.html 中。

```
$ DATA_ROOT=./datasets/horse2zebra name=horse2zebra_model phase=test th test.lua
```

如果希望展示训练过程中的图像输出，可以采用以下方案。

安装展示包。

```
$ luarocks install https://raw.githubusercontent.com/szym/display/master/display-scm
  -0.rockspec
```

在本地运行服务器，然后就可以在浏览器中打开 http://localhost:8000 进行预览。

```
$ th -ldisplay.start
```

图 8-43~图 8-46 分别展示了几组 CycleGAN 项目方给出的生成结果，几乎能达到以假乱真的效果。图 8-47 是著名的电脑游戏 GTA 中的图像转换为真实世界图像的效果图。

图 8-43　斑马与马的图像转换结果

图 8-44　约塞米蒂冬天与夏天图像转换结果

苹果→橙子

橙子→苹果

图 8-45　橙子与苹果图像转换结果

输入　　输出　　　输入　　输出　　　输入　　输出　　　输入　　输出

图 8-46　手机拍摄照片与单反拍摄照片的互相转换结果

图 8-47　侠盗猎车游戏场景与真实场景的转换结果

当然 CycleGAN 也有失败的时候，尤其是当测试数据与训练数据差距过大时。图 8-48 给出的例子是源数据为人骑马的照片，然而训练集中只有马并没有人，这导致模型最终生成的图片里把人也打上了斑马条纹。图 8-49 展示了更多失败的例子。

图 8-48　斑马与马图像转换的失败例子

| 输入 | 输出 | 输入 | 输出 | 输入 | 输出 |

苹果→橙子　　　斑马→马　　　冬天→夏天

狗→猫　　　猫→狗　　　莫奈风格→风景照

风景照→浮世绘　　照片→梵高风格　　iPhone 拍摄的照片→单反拍摄的照片

图 8-49　CycleGAN 的一些失败案例

与 Pix2Pix 一样，CycleGAN 诞生以来也受到了社区开发者和研究者的追捧，很多基于 CycleGAN 的项目涌现了出来。一组比较有意思的研究是将 Pix2Pix 与 CycleGAN 应用到了中文的不同字体。如图 8-50 所示对于不同的字体我们可以收集到匹配数据或者非匹配数据。对于匹配的字体数据，可以采用 Pix2Pix 技术进行训练，但前提要求是提供的字体库足够完备，这也导致了工程量浩大。CycleGAN 可以有效解决非匹配字体情况下的生成，理论上对于每个人来讲，可以通过 CycleGAN 的技术生成任何属于自己风格的文字。图 8-51 是通过 CycleGAN 生成的不同字迹，虽然并非与真实情况完全

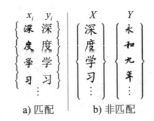

图 8-50　匹配字体数据与非匹配字体数据

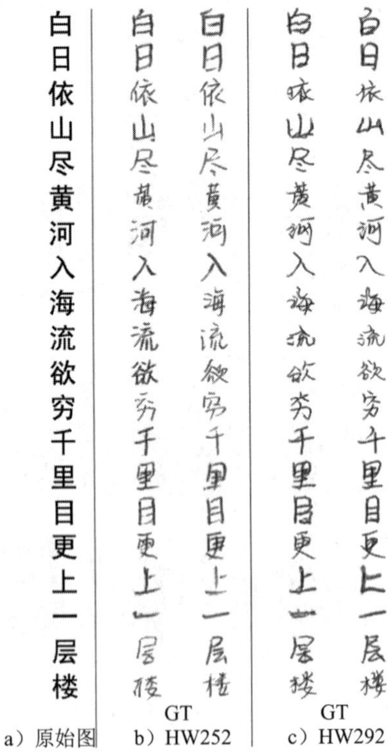

a）原始图　　b）HW252　　c）HW292

图 8-51　CycleGAN 的字体生成结果

一样，但是在字里行间已经有了原来字体的神韵[30]。

8.4　多领域图像转换：StarGAN

8.4.1　多领域的图像转换问题

Pix2Pix 与 CycleGAN 分别解决了两个领域之间基于匹配数据和非匹配数据的转换。但是在实际应用中我们会发现需要大量的多领域转换，例如图 8-52 所示，这可能是一个智能修图的场景，用户输入一张人物照片，他希望能够通过选项来调节照片中人物的外貌，比如发色、性别、年龄、肤色等。又比如图 8-53，对于同一个人物照片，我们希望能够将其转换成不一样的表情，从普通的表情转换为愤怒、喜悦或恐惧等。

Pix2Pix 和 CycleGAN 可以非常好地解决领域间转换的问题，它们同样可以应用于多领域的转换，但是存在的问题是必须在每两个领域之间进行单独的训练。我们假设场景为图 8-53 所示的表情转换，一共有四个领域，分别为中性、生气、喜悦与恐惧，

图 8-52　头像照片的多种外貌转换

| 输入 | 生气 | 喜悦 | 恐惧 |

图 8-53　头像照片的多种表情转换

我们将它们从 1 到 4 编号。如果使用 CycleGAN，可以看到图 8-54 所示情况，即在每两个领域都需要训练两个生成器，比如领域 1 和领域 3 之间，就需要有生成器 G31 与生成器 G13，分别作为从 3 到 1 和从 1 到 3 的生成。

我们会发现，在四个领域的情况下已经需要 12 个不同的生成器了，随着领域数量的增加，所需生成器的数量会越来越大，如果领域的数量为 n，排列组合的数量为 C_n^2。在领域很多的情况下，要训练这么多生成模型是非常消耗资源的。

此外，除了在训练过程中的资源消耗以外，StarGAN 的研究者还发现如果仅使用 CycleGAN 在每两个领域之间进行生成器的训练，那么各自的训练过程都是独立的，以图 8-53 为例，这导致虽然每个领域是不一样的表情，但是人脸的结构是基本一致的，独立的训练会浪费大量可以辅助优化生成器的数据，这显然也是不合理的。针对这两个问题，研究者希望能够为这样的多领域转换找到一个更加合适的解决方案。

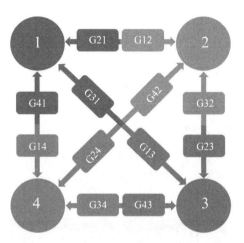

图 8-54　使用 CycleGAN 实现多领域转换的情况（见彩插）

StarGAN 的论文于 2017 年年底发布在了 arxiv 上，并随后发表于计算机视觉领域会议 CVPR2018 [31]。StarGAN 提供了一种针对多领域的解决方案，在多领域转换的情况下仅需训练一个通用的生成器即可。图 8-55 是 StarGAN 的结构示意图，对于五个领域的情况仅需中间的一个生成器 G 即可，整个网络形成一个星形的拓扑结构，这也是 StarGAN 命名的由来。

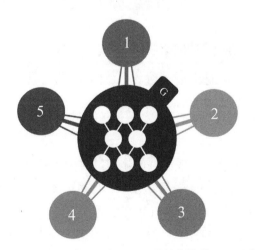

图 8-55　使用 StarGAN 实现多领域转换的情况（见彩插）

在下一节中会介绍 StarGAN 是通过什么方案来使多领域转换仅需一个生成器就可以完成的。

8.4.2　StarGAN 的理论基础

StarGAN 的网络设计借鉴了很多经典的思想，其中最重要的正是 CycleGAN 和 cGAN。首先我们看一下 StarGAN 的网络结构，判别器如图 8-56 所示，输入为任意分类的真伪图片，输出部分需要将所有数据都进行真伪判断，对真数据还需要进行所属领域的分类，这一判别器非常类似前面介绍的 ACGAN。

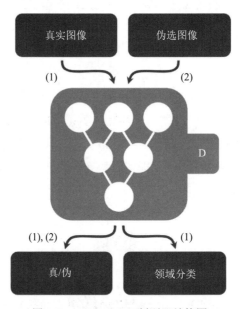

图 8-56　StarGAN 判别器结构图

图 8-57 展示了 StarGAN 比较完整的流程，对于生成器的输入不仅需要原始图片，同时还需要像 cGAN 一样设定一个目标领域。由生成器产生的图像会进入上面所说的判别器中进行判定，目标是让判别器将其判定为真实图像且属于目标领域。与此同时，该生成图像还需要再次输入本身的生成器中，且将输入条件设置为源领域，用于重建原始图像，确保重建的图像与原始图像越接近越好。

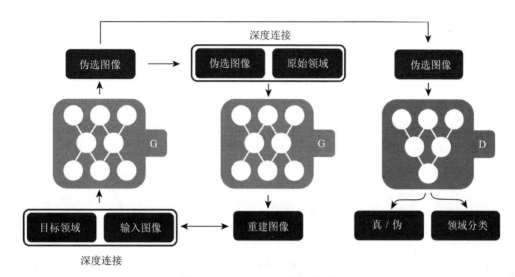

图 8-57　StarGAN 完整结构图

根据上述网络架构，我们来看一下 StarGAN 的目标函数。首先是常规的 GAN 对抗损失函数，也就是生成器能否让判别器认为该生成图像为真实图像，其中 c 为条件参数，表示目标类型。

$$\mathcal{L}_{\mathrm{adv}} = E_x \left[\log D_{\mathrm{src}}(x)\right] + E_{x,c}[\log\left(1 - D_{\mathrm{src}}(G(x,c))\right] \tag{8-11}$$

其次是分类损失，同样也要同时对生成器和判别器进行优化，这里可以写成有两种分类损失：第一种是对于真数据的分类损失 $\mathcal{L}_{\mathrm{cls}}^r$，第二种是假数据的分类损失 $\mathcal{L}_{\mathrm{cls}}^f$，对应下面两个公式。其中 $D_{\mathrm{cls}}(c'|x)$ 代表判别器将真实输入 x 归为原始分类 c' 的判别概率分布，(x, c') 是真实训练数据中的分类匹配数据，判别器 D 的目标是最小化这个损失函数。另一方面，对于生成器来说希望基于 x 的生成数据能够被判别器判断为目标分类 c，需要 G 能够最小化损失函数 $\mathcal{L}_{\mathrm{cls}}^f$。

$$\mathcal{L}_{\mathrm{cls}}^r = E_{x,c'}\left[-\log D_{\mathrm{cls}}\left(c'|x\right)\right] \tag{8-12}$$

$$\mathcal{L}_{\mathrm{cls}}^f = E_{x,c}\left[-\log D_{\mathrm{cls}}(c|G(x,c))\right] \tag{8-13}$$

最终我们还需构建重建损失，确保生成的数据能够很好地还原到本来的领域分类中。这里使用原始数据和经过两次生成（先转换到分类 c，再转换为源分类 c'）的图像

L1 损失作为重建损失，公式如下所示。

$$\mathcal{L}_{\mathrm{rec}} = E_{x,c,c'}\left[\|x - G\left(G(x,c),c'\right)\|_1\right] \tag{8-14}$$

最终的目标函数如下，分为判别器与生成器。其中 λ_{cls} 和 λ_{rec} 为超参数，用来控制分类损失、重建损失相对于对抗损失的重要性，在 StarGAN 原文的实验中取 $\lambda_{\mathrm{cls}} = 1$ 和 $\lambda_{\mathrm{rec}} = 10$。

$$\mathcal{L}_{\mathrm{D}} = -\mathcal{L}_{\mathrm{adv}} + \lambda_{\mathrm{cls}}\mathcal{L}_{\mathrm{c|s}}^{r} \tag{8-15}$$

$$\mathcal{L}_{\mathrm{G}} = \mathcal{L}_{\mathrm{adv}} + \lambda_{\mathrm{cls}}\mathcal{L}_{\mathrm{cls}}^{f} + \lambda_{\mathrm{rec}}\mathcal{L}_{\mathrm{rec}} \tag{8-16}$$

StarGAN 的另外一个创新点在于能够同时协调多个包含不同领域的数据集，比如图 8-51 的外貌数据集和图 8-52 的表情数据集。但这里存在的问题是两个数据集之间是不知道对方的分类标签是什么的，比如外貌数据集只知道自己包含发色、肤色等，却不知道表情数据集包含了喜悦、愤怒等。

在 StarGAN 中，研究者加入了一个 Mask 向量 $\boldsymbol{m}$ 的概念，用来忽略那些未知的分类，仅关注自身了解的分类。最终的分类标签向量如下所示，其中 c_i 用来表示第 i 个数据库的分类信息。

$$\tilde{c} = [c_1, \cdots, c_n, \boldsymbol{m}] \tag{8-17}$$

在训练过程中，会将上式中的 $\tilde{c}$ 直接输入生成器作为条件信息，由于 Mask 向量的存在，那些无关的分类标签向量会变成零向量，生成器会自动忽略。另外，在多任务的训练中，判别器也仅会对自己了解的分类进行判别。图 8-58 是使用两个多分类数据库同时训练的框架图，使用的就是外貌数据集和表情数据集，可以看到 Mask 向量分别在两种数据库的情况下对应为 [1,0] 和 [0,1]，会将不属于该数据库的分类标签向量置为全零。经过这样的多数据库训练后，判别器会具备各个数据库的分类判别能力，而生成器也可以同时针对多个数据库的信息进行图像生成。

图 8-59 和图 8-60 分别展示了生成器与判别器的网络结构图。其中，n_d 为数据库的数量，n_c 为每个数据库中分类的数量。

8.4.3　StarGAN 的应用实践

StarGAN 同样也在 GitHub 上开源了代码，使用 PyTorch 完成了项目代码的编写。运行项目前先确保自己的 Python 版本在 3.5 以上，安装了 PyTorch 0.4.0，如果希望通过 tensorboard 进行训练可视化，则需要让 TensorFlow 的版本在 1.3 以上。

首先我们复制项目到本地。

图 8-58　StarGAN 同时训练两个多分类数据库的框架示意图

部分	输入→输出的形状	网络层的信息
下采样	$(h, w, 3+n_c) \rightarrow (h, w, 64)$	CONV-(N64, K7×7, S1, P3), IN, ReLU
	$(h, w, 64) \rightarrow \left(\frac{h}{2}, \frac{w}{2}, 128\right)$	CONV-(N128, K4×4, S2, P1), IN, ReLU
	$\left(\frac{h}{2}, \frac{w}{2}, 128\right) \rightarrow \left(\frac{h}{4}, \frac{w}{4}, 256\right)$	CONV-(N256, K4×4, S2, P1), IN, ReLU
中间层	$\left(\frac{h}{4}, \frac{w}{4}, 256\right) \rightarrow \left(\frac{h}{4}, \frac{w}{4}, 256\right)$	残差块: CONV-(N256, K3×3, S1,P1), IN, ReLU
	$\left(\frac{h}{4}, \frac{w}{4}, 256\right) \rightarrow \left(\frac{h}{4}, \frac{w}{4}, 256\right)$	残差块: CONV-(N256, K3×3, S1,P1), IN, ReLU
	$\left(\frac{h}{4}, \frac{w}{4}, 256\right) \rightarrow \left(\frac{h}{4}, \frac{w}{4}, 256\right)$	残差块: CONV-(N256, K3×3, S1,P1), IN, ReLU
	$\left(\frac{h}{4}, \frac{w}{4}, 256\right) \rightarrow \left(\frac{h}{4}, \frac{w}{4}, 256\right)$	残差块: CONV-(N256, K3×3, S1,P1), IN, ReLU
	$\left(\frac{h}{4}, \frac{w}{4}, 256\right) \rightarrow \left(\frac{h}{4}, \frac{w}{4}, 256\right)$	残差块: CONV-(N256, K3×3, S1,P1), IN, ReLU
	$\left(\frac{h}{4}, \frac{w}{4}, 256\right) \rightarrow \left(\frac{h}{4}, \frac{w}{4}, 256\right)$	残差块: CONV-(N256, K3×3, S1,P1), IN, ReLU
上采样	$\left(\frac{h}{4}, \frac{w}{4}, 256\right) \rightarrow \left(\frac{h}{2}, \frac{w}{2}, 128\right)$	DECONV-(N128, K4×4, S2, P1), IN, ReLU
	$\left(\frac{h}{2}, \frac{w}{2}, 128\right) \rightarrow (h, w, 64)$	DECONV-(N64, K4×4, S2, P1), IN, ReLU
	$(h, w, 64) \rightarrow (h, w, 3)$	DECONV-(N3, K7×7, S1, P3), Tanh

图 8-59　StarGAN 生成器网络结构图

层	输入→输出的形状	网络层的信息
输入层	$(h, w, 3) \rightarrow \left(\frac{h}{2}, \frac{w}{2}, 64\right)$	CONV-(N64, K4×4, S2, P1), Leaky ReLU
隐含层	$\left(\frac{h}{2}, \frac{w}{2}, 64\right) \rightarrow \left(\frac{h}{4}, \frac{w}{4}, 128\right)$	CONV-(N128, K4×4, S2, P1), Leaky ReLU
隐含层	$\left(\frac{h}{4}, \frac{w}{4}, 128\right) \rightarrow \left(\frac{h}{8}, \frac{w}{8}, 256\right)$	CONV-(N256, K4×4, S2, P1), Leaky ReLU
隐含层	$\left(\frac{h}{8}, \frac{w}{8}, 256\right) \rightarrow \left(\frac{h}{16}, \frac{w}{16}, 512\right)$	CONV-(N512, K4×4, S2, P1), Leaky ReLU
隐含层	$\left(\frac{h}{16}, \frac{w}{16}, 512\right) \rightarrow \left(\frac{h}{32}, \frac{w}{32}, 1024\right)$	CONV-(N1024, K4×4, S2, P1), Leaky ReLU
隐含层	$\left(\frac{h}{32}, \frac{w}{32}, 1024\right) \rightarrow \left(\frac{h}{64}, \frac{w}{64}, 2048\right)$	CONV-(N2048, K4×4, S2, P1), Leaky ReLU
输出层 (D_{src})	$\left(\frac{h}{64}, \frac{w}{64}, 2048\right) \rightarrow \left(\frac{h}{64}, \frac{w}{64}, 1\right)$	CONV-(N1, K3×3, S1, P1)
输出层 (D_{cls})	$\left(\frac{h}{64}, \frac{w}{64}, 2048\right) \rightarrow (1, 1, n_d)$	CONV-$\left(\text{N}(n_d), \text{K}\frac{h}{64}\times\frac{w}{64}, \text{S1}, \text{P0}\right)$

图 8-60　StarGAN 判别器网络结构图

```
$ git clone https://github.com/yunjey/StarGAN.git
$ cd StarGAN/
```

对于之前介绍的两个数据库——外貌数据库和表情数据库，前者可以通过下列命令直接下载。

```
$ bash download.sh celeba
```

后者需要到官网[⊖]申请下载，完成后按照图 8-61 的格式加以处理。

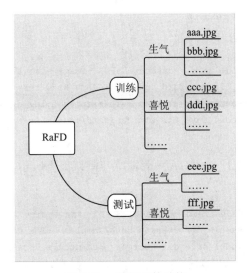

图 8-61 数据文件结构

单独基于外貌数据库的 StarGAN 训练与测试如下所示。

训练：

```
$ python main.py --mode train --dataset CelebA --image_size 128 --c_dim 5\
          --sample_dir stargan_celeba/samples --log_dir stargan_celeba/logs\
          --model_save_dir stargan_celeba/models --result_dir stargan_celeba
             /results\
          --selected_attrs Black_Hair Blond_Hair Brown_Hair Male Young
```

测试：

```
$ python main.py --mode test --dataset CelebA --image_size 128 --c_dim 5\
          --sample_dir stargan_celeba/samples --log_dir stargan_celeba/logs\
```

⊖ http://www.socsci.ru.nl:8180/RaFD2/RaFD

```
                --model_save_dir stargan_celeba/models --result_dir stargan_celeba
                /results\
                --selected_attrs Black_Hair Blond_Hair Brown_Hair Male Young
```

单独基于表情数据库的 StarGAN 训练与测试如下所示。

训练：

```
$ python main.py --mode train --dataset RaFD --image_size 128 --c_dim 8\
                --sample_dir stargan_rafd/samples --log_dir stargan_rafd/logs\
                --model_save_dir stargan_rafd/models --result_dir stargan_rafd/
                results
```

测试：

```
$ python main.py --mode test --dataset RaFD --image_size 128\
                --c_dim 8 --rafd_image_dir data/RaFD/test\
                --sample_dir stargan_rafd/samples --log_dir stargan_rafd/logs\
                --model_save_dir stargan_rafd/models --result_dir stargan_rafd/
                results
```

同时对两个数据库进行 StarGAN 的训练与测试如下所示。

训练：

```
$ python main.py --mode=train --dataset Both --image_size 256 --c_dim 5 --c2_dim 8\
                --sample_dir stargan_both/samples --log_dir stargan_both/logs\
                --model_save_dir stargan_both/models --result_dir stargan_both/
                results
```

测试：

```
$ python main.py --mode test --dataset Both --image_size 256 --c_dim 5 --c2_dim 8\
                --sample_dir stargan_both/samples --log_dir stargan_both/logs\
                --model_save_dir stargan_both/models --result_dir stargan_both/
                results
```

如果想在自己的数据库上进行训练，可以将格式按照图 8-61 展示的那样处理好，然后再进行 StarGAN 训练与测试。

训练：

```
$ python main.py --mode train --dataset RaFD --rafd_crop_size CROP_SIZE --image_size
    IMG_SIZE\
                --c_dim LABEL_DIM --rafd_image_dir TRAIN_IMG_DIR\
                --sample_dir stargan_custom/samples --log_dir stargan_custom/logs\
                --model_save_dir stargan_custom/models --result_dir stargan_custom
                /results
```

测试:

```
$ python main.py --mode test --dataset RaFD --rafd_crop_size CROP_SIZE --image_size
    IMG_SIZE\
                --c_dim LABEL_DIM --rafd_image_dir TEST_IMG_DIR\
                --sample_dir stargan_custom/samples --log_dir stargan_custom/logs\
                --model_save_dir stargan_custom/models --result_dir stargan_custom
                    /results
```

如果不想花时间进行上述训练,而是只想看看结果,则可以使用 StarGAN 准备好的预训练模型,通过以下命令下载。

```
$ bash download.sh pretrained-celeba-256x256
```

接着可以直接基于模型进行图像的生成,生成结果会保存在对应路径中。

```
$ python main.py --mode test --dataset CelebA --image_size 256 --c_dim 5\
                --selected_attrs Black_Hair Blond_Hair Brown_Hair Male Young\
                --model_save_dir='stargan_celeba_256/models'\
                --result_dir='stargan_celeba_256/results'
```

图 8-62 和图 8-63 是官方给出的最终生成效果图,分别对应上文提到的外貌数据库与表情数据库,读者可以自己按照上述步骤尝试使用一下多分类的转换。

图 8-62　StarGAN 的多种外貌生成效果图

| 输入 | 生气 | 傲慢 | 厌恶 | 恐惧 | 喜悦 | 中立 | 悲伤 | 惊讶 |

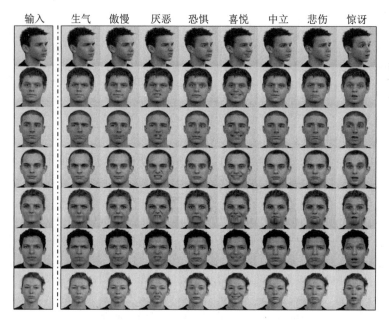

图 8-63   StarGAN 的多种表情生成效果图

8.5 本章小结

本章介绍了四种图像到图像的生成对抗网络。iGAN 是第一个交互式的图像到图像的生成模型,可以通过用户的图形输入来产生合理的图像输出。Pix2Pix 是基于匹配数据的图像转换模型,根据匹配数据的训练可以在新图像上做相同的转换。CycleGAN 的功能和 Pix2Pix 类似,但它的训练数据是非匹配的两个不同领域数据集,通过 CycleGAN 的训练方式可以让图像在两个领域之间进行转换。最后的 StarGAN 是一种多领域的图像转换模型,在不增加网络复杂的前提下实现了各种类型图像的互转。图像到图像的生成可以应用于各种领域,目前在开发者社区中也是非常流行的一个方向。

第 9 章

序列数据的生成

到目前为止我们已经学习了数十种 GAN 生成模型，虽然它们的形式各不相同，但是总结下来我们会发现它们都具有一个特点，即所使用的往往都是诸如图片一类的连续数据。本章会带大家学习如何使用 GAN 的方法生成离散的序列数据，同时也会介绍 GAN 在自然语言生成的场景下如何应用。

9.1　序列生成的问题

序列数据指的是一种按照先后顺序排列的离散数据，这类数据虽然不如之前经常提到的图像数据那么直观，但它在人们的实际生活中非常常见。比如我们平时浏览网站的行为其实就是序列数据，我们会不断地在各种网页链接之间跳转，从而形成一个序列的网页链接列表；又比如我们平时使用的自然语言就是由一系列按照顺序排列的文字所构成的，在本章我们也会介绍如何使用 GAN 来生成自然语言。

经过前文的介绍，我们会很自然地想到将 GAN 的模型直接用于训练，只需要能够收集大量真实的序列数据，就可以通过生成器和判别器的对抗来完美实现对与离散数据的生成。这个想法看似十分美好，但是在实践过程中会发现两个致命的问题。

第一个问题是离散数据的可导性。GAN 的创造者 Ian 之前曾表示由于 GAN 需要计算生成器输出的梯度，因此在有连续输出的地方才能很好地工作，而像文本这样离散的数据不具备可导性，很难使用 GAN 进行生成。

第二个问题是判别器如何去判断一个还没有生成完毕的序列数据就是一个"真"或"假"的数据。在实际生成过程中，序列数据是一个一个逐步产生的，除了最终状态之外的大部分情况都是一个未完成的序列，比如一句还没有说完的话，或是一系列没有完成的网页操作。在这个未完成的状态下，如何让判别器判断当前的序列是"真"还是"假"就变成了一个棘手的问题。

9.2 GAN 的序列生成方法

SeqGAN[32] 首先提出了 GAN 在序列生成上的方法。为了解决之前提到的那些问题，SeqGAN 把序列数据生成的过程看作一个序列决策的过程，在生成数据的过程中一步一步决定下一个元素是什么。

SeqGAN 使用了一种基于强化学习的方法，它的生成器正是强化学习中的代理（Agent），而模型的状态（State）是当前已经生成的序列，行为（Action）则是下一步需要生成的元素。但和传统的强化学习不同的是，在整个模型训练过程中并不会有一个明确的奖励函数（Reward），而是使用了 GAN 架构中的判别器网络来评估当前生成的序列，从而指导生成器的训练。首先，对于离散数据难以进行反向传播的问题，由于SeqGAN 的生成器是一个随机策略模型，因此可以直接使用强化学习中的策略梯度方法（policy gradient）完美规避这个问题。这是因为在策略梯度方法中并不用针对误差来进行反向传播，而是根据当前选择的结果来决定每种行为在各种状态下的概率，如果该行为最终得到了一个比较好的分数，则下次在相同情况下发生该行为的概率将会比较大，反之，发生该行为的概率则会降低。对于无法判断不完整序列的问题，SeqGAN 在中间过程中使用了蒙特卡洛搜索的方法，会把中间序列进行补全，这也使得判别器可以始终用评估完整序列的方式来评估中间序列。

图 9-1 展示了 SeqGAN 的架构，从整体上看与传统的 GAN 架构基本是一致的，唯一的差别是数据，判别器 D 会基于真实世界的序列数据和生成器 G 产生的假序列数据进行训练。

图 9-2 比较清晰地还原了生成的细节，对于强化学习来说通常需要能够清晰定义马尔可夫决策模型，其中最重要的三个元素就是 State、Action 以及 Reward，具体的定义会在第 10 章中进行详细的说明。对于 SeqGAN 中的生成器 G 来说，State 正是当前已经生成的中间序列，Action 是序列中下一个会使用的元素，而 Reward 则是由判别

器 D 给出的结果,用于后续的策略梯度算法。图 9-2 中的曲线表示对于中间序列采用了蒙特卡洛搜索的方式来对未完成的序列进行采样补全,从而可以让判别器对完整的序列结果进行评估。

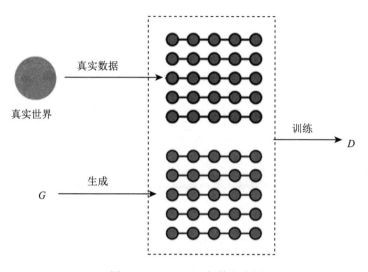

图 9-1 SeqGAN 架构示意图

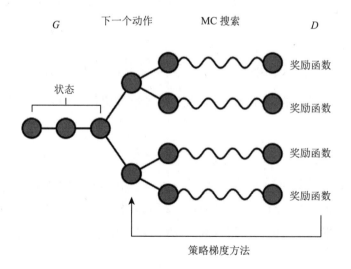

图 9-2 SeqGAN 生成过程示意图

生成模型 G 会产生一个序列 $Y_{1:T} = (y_1, \cdots, y_t, \cdots, y_T), y_t \in \mathcal{Y}$，其中的每一个元素来自一个候选的元素集合。生成器会基于之前的序列生成下一时刻的元素 $G_\theta(y_t \mid Y_{1:t-1})$。

在 SeqGAN 中需要优化的目标函数是整体序列的期望值（见式 (9-1)），其中 G 为在初始状态为 s_0 的情况下生成 y_1 的概率，而 Q 表示的是在生成器为 G_θ、判别器为 D_θ 的情况下，对于当前状态 s_0 生成 y_1 的 Reward 分数。我们希望优化生成器的参数 θ，使得生成器在 s_0 状态下生成的序列能够得到最好的整体 Reward。

$$J(\theta) = E\left[R_T \mid s_0, \theta\right] = \sum_{y_1 \in \mathcal{Y}} G_\theta\left(y_1 \mid s_0\right) \cdot Q_{D_\phi}^{G_\theta}\left(s_0, y_1\right) \tag{9-1}$$

接下来需要解决的问题就是如何求解 Q 函数的值。如式 (9-2) 所展示的那样，在时间 $T-1$ 时刻进行行为 a 所产生的 Q 值应该就是行为结束后判别器给 T 时刻状态进行的 Reward 打分。

$$Q_{D_\phi}^{G_\theta}\left(a = y_T, s = Y_{1:T-1}\right) = D_\phi\left(Y_{1:T}\right) \tag{9-2}$$

由于判别器只能针对完整的序列数据进行评估，这时我们需要使用蒙特卡洛搜索的方法，由一个推导策略 G_β 进行 N 次序列的采样补全（见式 (9-3)）。其中 T 为固定的最终序列长度，t 是当前的序列长度。最终我们针对 t 时刻序列的 Reward 打分就是取这 N 个序列得分的平均值。

$$\left\{Y_{1:T}^1, \cdots, Y_{1:T}^N\right\} = \mathbf{MC}^{G_\beta}\left(Y_{1:t}; N\right) \tag{9-3}$$

最终我们需要对最后的 Reward 的期望值求梯度并优化梯度 θ（见式(9-4)），其中 α_h 表示学习曲率。

$$\theta \leftarrow \theta + \alpha_h \nabla_\theta J(\theta) \tag{9-4}$$

伪代码 9-1 描述了 SeqGAN 的生成过程。该论文作者也已经将 SeqGAN 的代码开源[注]，该代码基于 TensorFlow r1.0.1 和 Python 2.7,代码的入口文件为 sequence_gan.py。同时在开源社区上也有一份简化后的代码[注]，方便读者理解。

⊖ https://github.com/LantaoYu/SeqGAN
⊖ https://github.com/suragnair/seqGAN

伪代码 9-1   SeqGAN 的伪代码实现 (输入为真实序列数据集 $\mathcal{S}$)

初始化生成器 G_θ 和判别器 D_ϕ,两者初始参数均为随机值;

在 mathcal S 上对 G_θ 进行预训练;

$\beta \leftarrow \theta$

使用 G_θ 生成负样本为预训练做准备;

使用交叉熵预训练判别器 D_ϕ;

while SeqGAN 还没有收敛 **do**

  for 生成 **do**

    生成序列 $Y_{1:T} = (y_1, \cdots, y_T) \sim G_\theta$

    for 时间从 1 到 T **do**

      计算 $Q(a = y_t; s = Y_{1:t-1})$

    end for

    更新生成器参数 θ(见式 (9-4))

  end for

  for 判别步骤 **do**

    使用生成器 G_θ 产生的序列作为负样本;

    用负样本和真实序列训练判别器 D_ϕ;

  end for

  $\beta \leftarrow \theta$

end while

9.3 自然语言生成

在离散序列数据中最常用的就是自然语言,文字是天然的序列数据,每个元素既代表自己独立的含义,又和前后文保持关联。如果 SeqGAN 在序列数据上能够保证生成质量,那么在此基础上就可以自动生成让人难以分辨真假的文本数据。在 SeqGAN 的论文中,其作者用中国的诗词和奥巴马的政治演讲分别进行了测试,其中,在诗词任务中使用了 16 384 个中文诗句,在演讲任务中则使用了 11 092 段奥巴马的句子。为了保证自动化的完整性,没有使用任何先验知识。从实验结果中可以发现,使用 SeqGAN 生成的自然语言文本已经和真实的数据比较接近了。

为了更进一步提高文本的生成质量，研究者在判别器上提出进一步优化的想法。传统 GAN 的判别器往往是对数据进行二分类，判断为"真"或为"假"，但是在自然语言场景下这样的判断就显得限制过多了，因为自然语言的表现是非常丰富的，很难用单纯二分类对某个句子下定义。

RankGAN [33] 是对现在 GAN 生成方法在语言生成上二分类方法的改进，顾名思义，RankGAN 是使用了排序的方法去替换二分类的方法。在 RankGAN 的架构中有两个神经网络，分别是生成器和排序器，对于排序器来说，它的目标是将人类写的句子尽量排在自动生成的句子之前。如图 9-3所示，H 表示人类写的句子，而 G 是机器所写的句子，排序器的输入是一个自动生成的句子和一组人类写的句子。同时，我们会给排序器一个人类写的句子作为参考，它需要依据这个参考项去尽量将自动生成的句子排在比较靠后的位置上。图中的例子表示的是生成器已经完全骗过了排序器，将生成的句子 G 排在了第一位。

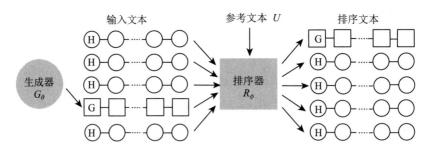

图 9-3　RankGAN 架构示意图

排序的方法是计算句子之间的相似度，式 (9-5) 的含义是计算输入的句子 s 与参考句子 u 两个向量之间的余弦相似度。

$$\alpha(s \mid u) = \cos(y_s, y_u) = \frac{y_s \cdot y_u}{\|y_s\| \|y_u\|} \tag{9-5}$$

最后的排序分数使用的是一个类似于 Softmax 的式 (9-6)，对于一系列参与比较的句子集合 C，使用指数形式求和作为分母，可以很好地拉开类别之间的差异。其中 r 是经验值，当 r 比较小的时候，句子之间的分数会比较接近，而当 r 值比较大的时候，则分数差距也会被拉开。

$$P(s \mid u, \mathcal{C}) = \frac{\exp(\gamma \alpha(s \mid u))}{\sum_{s' \in \mathcal{C}'} \exp(\gamma \alpha(s' \mid u))} \tag{9-6}$$

在训练过程中，需要用到人类写的句子集合作为参考文本集合，每次打分时会从这个集合中随机采样一部分句子作为参考集 U，与此同时，我们也需要重新构建一个用于排序的句子组合，其中的句子有机器写的也有人类写的，每个句子都需要与参考集 U 中的句子进行评估打分，最终取期望值。当输入的句子是 s 时，其对应排名期望值分数的计算方法为

$$R_\phi(\boldsymbol{s} \mid U, \mathcal{C}) = \underset{u \in U}{E}[P(\boldsymbol{s} \mid \boldsymbol{u}, \mathcal{C})] \tag{9-7}$$

我们基于这个打分公式可以构建最终的目标函数（见式 (9-8)），其中 C^- 为机器生成的句子，而 C^+ 是人类写的句子，生成器和排序器是博弈的双方，生成器希望自己产生的句子能够获得尽可能高的排名，而排序器则希望人类写的句子能获得更高的排名。最终这个最大最小优化目标是希望生成器成功欺骗排序器，使得生成的句子获得较好的名次。

$$\min_\theta \max_\phi \mathcal{L}\left(G_\theta, R_\phi\right) = \underset{\boldsymbol{s} \sim \mathcal{P}_h}{E}\left[\log R_\phi\left(\boldsymbol{s} \mid U, \mathcal{C}^-\right)\right] + \underset{\boldsymbol{s} \sim G_\theta}{E}\left[\log\left(1 - R_\phi\left(\boldsymbol{s} \mid U, \mathcal{C}^+\right)\right)\right] \tag{9-8}$$

图 9-4所示是使用 RankGAN 和 SeqGAN 分别生成英文句子的一些示例，可以看出相比于 SeqGAN，使用 RankGAN 生成的句子更加流畅，而且也具备更强的多样性。

```
Human-written

Two men happily working on a plastic computer.
The toilet in the bathroom is filled with a bunch of ice.
A bottle of wine near stacks of dishes and food.
A large airplane is taking off from a runway.
Little girl wearing blue clothing carrying purple bag sitting outside cafe.

SeqGAN (Baseline)

A baked mother cake sits on a street with a rear of it.
A tennis player who is in the ocean.
A highly many fried scissors sits next to the older.
A person that is sitting next to a desk.
Child jumped next to each other.

RankGAN (Ours)

Three people standing in front of some kind of boats.
A bedroom has silver photograph desk.
The bears standing in front of a palm state park.
This bathroom has brown bench.
Three bus in a road in front of a ramp.
```

图 9-4 RankGAN 英文句子生成效果对比

上述工作在生成短文本的任务中已经有了不错的结果，但由于在生成数据的过程中，需要使用采样的方式得到完整句子后才可以得到奖励函数作为反馈，这导致在这个过程中生成的句子会丢失中间信息，如果生成的句子超过 20 个字，效果就会大大降低。

为了解决长文本生成的问题,研究者提出了一种新框架 LeakGAN[34],让判别器能够将提取到的高阶信息泄露给生成器，以此来更好地指导生成器。如图 9-5所示,LeakGAN 的判别器中会提取中间特征,用来透露给生成器。传统的 GAN 在训练过程中通常不会将生成器和判别器的中间信息共享，这也是 LeakGAN 名字的由来。看另一边，生成器会基于前一个单词去预测下一个输出的词是什么。在生成器中包含两个角色，一个是 Manager，用于接收来自判别器泄露的信息，并提出指导的生成方向，另一个是 Worker，用于接收上一个单词并输出向量，用于预测下一刻的单词。在生成器中，会需要把 Manager 的指导和 Worker 的预测进行整合，考虑两者并最终一起得出句子中的下一个单词。

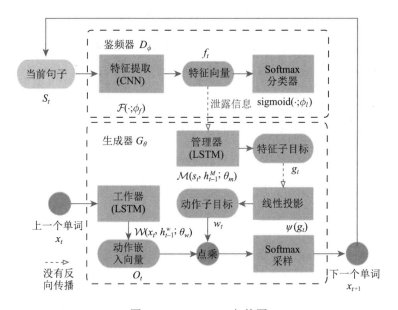

图 9-5   LeakGAN 架构图

通过真实世界数据的实验，LeakGAN 获取了比较显著的效果提升，尤其是在长句子的生成上，LeakGAN 取得了比较好的结果。图 9-6是针对本章介绍的三种序列数据生成模型 SeqGAN、RankGAN 以及 LeakGAN 在二维平面上的特征可视化，其中下方区域的点为真实数据分布，可以发现 LeakGAN 在训练过程中，生成的数据会更好地逼近真实数据分布，这也说明了判别器泄露的特征数据能够对生成过程进行有效指导。LeakGAN 目前也已经开源[一]，感兴趣的读者可以使用源码生成一些句子。

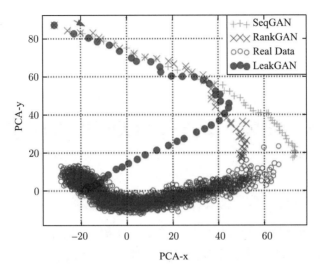

图 9-6　SeqGAN、RankGAN 以及 LeakGAN 在二维平面上的特征可视化（见彩插）

9.4　本章小结

本章介绍了 GAN 在离散序列数据生成上的探索，引出了 GAN 的另一种可能性。随着一系列诸如对 SeqGAN、RankGAN、LeakGAN 的研究，文本生成效果正在逐步提升。从应用层面考虑，GAN 的序列数据生成可以用于自然语言的生成。在本章的算法介绍中，序列生成模型通过使用强化学习中的策略梯度方法来解决反向传递过程中的不连续问题，其实强化学习与 GAN 还有更多相关的思想。在下一章中会继续介绍 GAN 和强化学习之间存在的关系，进一步了解如何使用 GAN 来进行序列的决策。

一　https://github.com/CR-Gjx/LeakGAN

第 10 章

GAN与强化学习及逆向强化学习

在第 9 章中，SeqGAN 通过借用强化学习中的策略梯度方法，克服了传统 GAN 无法生成离散数据的难点。在本章中我们会看到 GAN 与强化学习其实有很多共同点，在某些问题上会使用类似的解法。

10.1 GAN 与强化学习

10.1.1 强化学习基础

强化学习 [35] 是机器学习一个非常重要的分支，它使用计算方法针对学习目标进行决策上的优化，与监督式学习和无监督式学习不同的是，强化学习更强调与环境的互动。简单来说，强化学习是通过让机器与环境不断地互动，从而得到一个最优的策略模型。AlphaGo 是强化学习的一个里程碑式的应用，算法通过在棋盘环境内进行无数次的对弈，不断地升级自己的策略模型，从而达到一个可以比肩顶尖围棋高手的水平。

强化学习中的一个重要框架是马尔可夫决策过程（Markov Decision Process, MDP）。MDP 的框架可以被看作针对机器所在环境而建立的模型，我们需要训练的决策者称为代理人（以下称为 Agent），它在 MDP 中会面临各式各样的情况，此时的 Agent 需要不断提升它的行动策略，让它能够在整个 MDP 环境中尽可能得到一个最优的分数。

如图 10-1 所示为马尔可夫决策模型中的交互环境。Agent 在环境中的行为是一系列离散的决策过程。在每一个确定的时刻，Agent 可以感知到当前环境的状态 S_t，而此时它需要基于当前的状态选择合适的行为 A_t。此时的 Agent 会得到一个反馈的奖励值 R_{t+1}，用来表示对该行为后续结果的评估，并且其面对的状态将会改为 S_{t+1}。

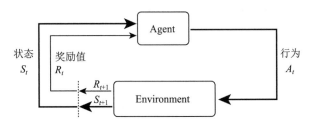

图 10-1　马尔可夫决策模型中的交互环境

上述的介绍中涉及几个强化学习中的核心概念，首先是环境状态（以下称为 State），它表达了当前环境的准确信息。在实际观测（observation）中，我们可能无法完全无误地获取到最完整的 State，而是尽可能地还原准确状态。在强化学习中通常会把观察到的 State 用一个数学上的向量或是矩阵表示，如果观测到的状态是一幅图像，那么可以使用像素矩阵的方式来表示观测的状态。

其次是 Agent 的行为（以下称为 Action），它表示的是 Agent 在各种 State 的情况下会采取的行为动作，比如在开车的过程中向左转、向右转或是刹车。这里的 Action 会在一个行为空间中进行选择，这个空间可能是离散的，比如大部分的游戏决策都属于离散的，同时这个行为空间也可能是连续的，比如开车的过程中的转向角度。在实际工作中，可以用一张大表来对 State 和 Action 的关系进行映射，更多的情况是对 Policy[⊖]用参数化的方式进行表现，比如神经网络中的权重和偏移，从而完成从 State 到 Action 的映射。

在 Policy 的指导下，Agent 在 MDP 框架下会形成一个序列轨迹 τ：

$$\tau = (s_0, a_0, s_1, a_1, \cdots) \tag{10-1}$$

我们称其为轨迹（trajectory），其中 s_0 为起始点状态，而 s_t 表示的是 t 时刻的状态，a_t 为 t 时刻 Agent 采取的行为，s_{t+1} 服从于转移概率 P，它保证了下一刻的状态 s_t 取决于前一刻的 s_t 与 a_t。

在强化学习的 MDP 设计中，奖励函数（Reward）是指导策略的关键因素，强化学

⊖ 有了状态空间和行为空间以后，Agent 需要的决策模型是将状态空间和行为空间进行映射，也就是说在每个状态下应该采取什么样的行为，我们将这个策略称为 Policy。

习的目标是希望能够训练一个最优策略，能在整个运行过程中得到累积最高的 Reward。比如，对于让机器人学走路的任务，在机器人移动的距离越远且使用步数越少的情况下，机器人获得的 Reward 是越高的，在这样的引导下，机器人学到的策略总会偏向用更少的步数移动更远的距离。对于一个轨迹的整体 Reward，我们可以累加所有中间 State 的 Reward 值作为 Reward 总和（见式 (10-2)）。

$$R(\tau) = \sum_{t=0}^{T} r_t \tag{10-2}$$

还有一种方式是在总和中增加衰减因子了 r，该值的范围为 0~1，它的意义在于距离当前时刻越远的 State，带来的影响就越小，此外，如果不增加这个衰减因子，可能会导致 Reward 总和难以收敛。而使用了因子的结果可以保证最终结果是可以收敛的。

$$R(\tau) = \sum_{t=0}^{\infty} \gamma^t r_t \tag{10-3}$$

由上述这些概念我们可以引出强化学习需要解决的问题，也就是如何寻找一个最优策略，让其在产生的任何行为轨迹中都能够得到最优的反馈。当策略函数 π 确定了以后，我们可以得到任一产生行为轨迹的概率：

$$P(\tau \mid \pi) = \rho_0(s_0) \prod_{t=0}^{T-1} P(s_{t+1} \mid s_t, a_t) \pi(a_t \mid s_t) \tag{10-4}$$

这样我们就可以计算出当前策略得到整体 Reward 的期望值：

$$J(\pi) = \int_{\tau} P(\tau \mid \pi) R(\tau) = \mathop{E}_{\tau \sim \pi}[R(\tau)] \tag{10-5}$$

回到优化问题，此时此刻需要做的就是寻找一个策略函数 π，使得整体 Reward 期望值能够最大化。

$$\pi^* = \arg\max_{\pi} J(\pi) \tag{10-6}$$

在更新策略的过程中其实我们是对策略的参数进行梯度运算，我们也称这个过程为策略梯度算法。

$$\theta_{k+1} = \theta_k + \alpha \nabla_\theta J(\pi_\theta) \tag{10-7}$$

10.1.2　Actor-Critic

在本节中我们会介绍在强化学习中和 GAN 最接近的思想 Actor-Critic[36]。在这之前我们需要了解强化学习算法的大致分类。

强化学习算法可以分为两大类别：基于模型的算法和不使用模型的算法。在基于模型的算法中，Agent 知道环境会如何发生变化，也就是说环境的 State 对于 Agent 来说是可以预知的；而在不使用模型的算法中，环境对于 Agent 来说是完全未知的，目前流行的强化学习研究大多数是这个方向，因为实际的强化学习问题中环境的情况通常非常复杂，无法对环境完全掌握。

在不使用模型的强化学习算法分类下，Agent 又可以根据不同的算法被分为三类：基于策略（policy based）的方法，基于值（value based）的方法，以及本节重点介绍的 Actor-Critic 方法（以下简称 AC 方法）。

策略方法需要直接学习 Agent 的行为策略，在 10.1.1 节中介绍的策略梯度方法就是一种基于策略的方法，直接用于更新策略函数；而基于值的方法则需要学习如何对当前的 Agent 行为进行评价，其中比较知名的方法是 Q-learning，相比于直接学习策略，Q-learning 学习的是 State 和 Action 组合的 Reward。这里的值函数（value function）表示的是状态或者状态行为的价值，用来表示在某状态下后续一系列行为会产生的 Reward 总和期望值。值函数有两种表现方式，一种仅考虑当前 State 的 V 值（见式 (10-8)），另一种是考虑当前 State 和当前 Action 的 Q 值（见式 (10-9)）。

$$V^{\pi}(s) = \mathop{E}_{\tau \sim \pi} \left[R(\tau) \mid s_0 = s \right] \tag{10-8}$$

$$Q^{\pi}(s, a) = \mathop{E}_{\tau \sim \pi} \left[R(\tau) \mid s_0 = s, a_0 = a \right] \tag{10-9}$$

V 值和 Q 值之间存在着一定的联系，V 值表示了在 State 情况下采取所有可能的 Action 产生的 Q 值的期望值。

$$V^{\pi}(s) = \mathop{E}_{a \sim \pi} \left[Q^{\pi}(s, a) \right] \tag{10-10}$$

与基于策略的方法和基于值的方法不同的是，AC 方法综合考虑了这两者的因素，在训练过程中同时考虑策略和评估的优化。在 AC 方法中存在两个角色，也就是 Actor 和 Critic。伪代码 10-1 中是 AC 方法的大致流程：

伪代码 10-1　AC 方法流程

while Actor 未收敛 **do**

　　Actor 在环境中执行现有策略；

　　基于当前的策略和环境反馈的 Reward 去训练 Critic；

　　基于训练完毕的 Critic 来进一步优化 Actor 的策略；

end while

其中 Actor 负责观测环境，并决定下一步执行的行为。和 10.1.1 节中训练 Policy 的神经网络类似，如果 Actor 也是一个神经网络，那么网络的输入是环境观测的向量，输出是行为的向量。从本质上理解整个策略梯度的过程，其实就是在某个状态 S 下执行了行为 A，如果最后对于整个轨迹获得了一个比较好的 Reward，那么我们希望 Actor 在以后遇到 S 的时候，执行 A 的概率变大一些。

Critic 的用途是评估 Actor 的优劣。比如可以通过之前介绍的值函数评估整体轨迹的 Reward。当策略确定以后，Critic 就可以计算 Actor 在某个状态下的值函数，以此来判断 Actor 的优劣。有两种不同的评估方法：其一是蒙特卡洛方法，需要让 Actor 在环境中自由行动，在完成多个轨迹之后，统计各种状态下积累的 Reward；其二是时间差分的方法，此方法不需要 Actor 完成完整的行为轨迹，只需要环境中前后的一个行为片段即可。假设我们知道前后两个状态的值函数 V_a 和 V_b，它们之间的差是对应单步的 Reward。时间差分的方法适用于行为轨迹特别长的情况，因为在这样的状态下使用蒙特卡洛方法会积累比较大的误差。

10.1.3　GAN 与强化学习的关联

经过前面的介绍，我们会发现强化学习中的 AC 方法和无监督式学习的 GAN 的思想是非常接近的。AC 和 GAN 的架构类似，都需要训练两个模型，其中的一个模型用于数据的生成，而另一个模型用于评估生成的结果。首先，对于生成模型部分，在 AC 方法中，负责生成的叫作 Actor，用于生成下一步需要进行的操作 Action，而在 GAN 中称为生成器，用于生成样本数据。其次，对于评估模型部分，在 AC 方法中负责评估的是 Critic，它会根据当前设定的环境给出当前策略特定状态下对应的 Reward，而 GAN 中的判别器会判断输入的结果是真实数据还是伪造的数据。

从图 10-2 中可以看到两个模型的整体信息结构是非常类似的，其中有差异的部分是对于 GAN 来说，生成器 G 接收到的只有随机采样输入 z，而 AC 方法中的 Actor 则

接收的是状态信息 s_t。现在我们来定义一下 AC 方法中的设定，例如我们把 MDP 中的
Action 考虑成设置图像中的像素，环境随机选择一幅 Actor 生成的图像或者是真实图
像，然后当选择真实图像时，环境返回的 Reward 为 1，而当选择生成图像的时候，返
回的 Reward 为 0；此时整个 AC 方法的设定就基本与 GAN 类似了。

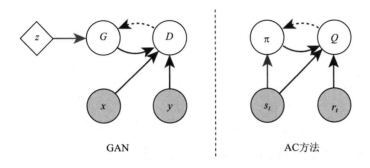

GAN　　　　　　　　　　　AC方法

图 10-2　GAN 与 AC 方法结构比较

虽然整体的架构非常接近，但是从两者希望解决的问题上来看，其实是两个不同的
方向。AC 方法隶属于强化学习，目标是训练得到一个最优的策略模型，能够在环境中
获得最优的决策序列。而 GAN 的目的则是期待以假乱真地模拟数据，希望生成器可以
产生和真实数据分布一致的内容，从而可以完美地骗过判别器。由于不在同一个领域中，
这两项技术也形成了两个截然不同的社区。然而两者因为都需要同时训练两个模型，所
以有一个共同特点，就是训练往往都不太稳定，两个社区的研究者对此都提供了很多宝
贵的技术优化思路，从而可以互相借鉴。论文 [37] 中给出了两者各自的优化方法，并总
结出了哪些技术有可能可以迁移到对方的领域中，感兴趣的读者可以从论文原文中进行
总结。

10.2　GAN 与逆向强化学习

10.2.1　逆向强化学习基础

从上文的强化学习中我们知道 Reward 在整个 MDP 的设定中非常重要，它决定了
策略的优化方向。大部分强化学习会使用游戏作为算法的测试环境，因为这些场景中都
具有非常明确的 Reward，比如游戏都会有输赢，游戏过程中如果打怪成功就会有特定
的奖励分数。但在真实的生活中，我们往往无法从环境中直接获取 Reward。以开车为

例，对于驾驶员在开车中的每一步操作，如转向、踩油门、刹车等，我们都很难给出一个准确的评估，唯一能确定的是是否有效到达以及是否出车祸。尽管只针对这些结果，我们也无法完美地给出 Reward 分数。

在真实世界中，定义某些行为的 Reward 是非常困难的事情，但是如果让人去实际操作一遍却非常简单。比如一个优秀的司机可以完美地完成驾驶任务，但如果让他给自己的每个行为打分时，他就很难判断了。从学习的角度考虑，人类自身的学习方法往往是从模仿中获得的，虽然我们不可能给每个行为精准打分，但是可以模仿我们认为正确的行为。以专家的行为作为自己的行动方针是一个可选的方案。

要模仿专家的行为，最容易想到的方法就是监督式学习，在模仿学习的场景下，这也称为行为克隆。行为克隆需要收集大量专家用户的观测数据和行为数据，将数据两两匹配作为训练集。当模型了解了专家在遇到各个场景时会使用的对策后，就可以完全按照专家的方法去完成后续的操作。这是一个看似完美的方法，但核心问题在于这个方法对数据的依赖性太大。如果出现了数据缺失的情况，那么在数据缺失的区域，该方法就会失效。唯一的解决方法就只有不断加大所使用的数据训练集。然而即使数据量很大，也很难解决根本问题，因为在大训练数据的情况下，也难以保证训练集和测试集的数据分布是一致的。

和行为克隆不同的是，逆向强化学习（IRL）的方法是基于专家行为来学习和补全真实环境中缺失的 Reward。称其为逆向强化学习是因为一般的强化学习是在 MDP 环境决定的情况及 Reward 的指导下去学习最优的 Policy，而逆向强化学习恰好相反，算法会将专家用户的行为当作最好的策略，并在设定的环境下去倒推 Reward 的值。相比于行为克隆中直接模仿专家行为的方法，IRL 后续计算出的策略是基于 Reward 产生的，因此能比简单地复制出更丰富的行为。

10.2.2　经典 IRL 算法

IRL 算法的核心思想是一切以专家行为为准，从而去设计环境的 Reward 函数。例如，在开车的例子中，我们就可以默认人类驾驶员的行为是专家行为，因为他可以准确地做到开车到达终点并避免驾驶事故。所以在 IRL 的算法中，首先需要确定一个"专家"，这个专家的行为在 IRL 的设定中都是最正确的，他的所有行为得到的 Reward 应该比其他任何行为得到的更好。这样一来我们就可以把问题转换成需要找到一个 Reward 函数，使得专家策略得到的 Reward 能够优于任何其他策略得到的 Reward。

最早的 IRL 算法是吴恩达教授在 2000 年左右时期提出的 [38]，2004 年他又发表了一篇学徒学习的论文 [39]，进一步阐明了这种从行为中学习 Reward 的方法。下面我们先来看一下最经典的 IRL 算法，参见伪代码 10-2。

伪代码 10-2 经典 IRL 算法（输入为专家行为轨迹 $\{\hat{\tau}_1, \hat{\tau}_2, \cdots, \hat{\tau}_N\}$）

随机初始化环境 Reward 函数与策略模型 π_θ；

while Reward 未收敛 **do**

　　使用 π_θ 生成一组行为轨迹 $\{\tau_1, \tau_2, \cdots, \tau_N\}$；

　　更新 Reward 函数以保证专家行为轨迹 $\hat{\tau}_i$ 获得的 Reward 高于 Agent 生成轨迹 τ_i 的 Reward；

　　使用更新后的 Reward 去训练 Agent，优化 Agent 的策略；

end while

在原始的逆向强化学习算法中，专家行为被定义成了标准的行为准则，一切行为都应该是最优的。但现实中，专家行为往往也具有不确定性，比如在专业游戏玩家玩游戏的过程，或者人类司机开车的过程中，虽然人类最终都可以很好地将任务都完成，但是在中间过程中往往伴随着一些随机成分。在真实的环境中，由于这些不完美的演示，最终会使得产生的 Reward 函数不唯一，也就是说会有多种 Reward 函数使得专家行为是最优解，如何选择 Reward 函数就成了一个棘手的问题。

假设 Reward 函数是特征向量的线形函数，那么 Reward 函数的表达式如下：

$$\text{Reward } (f_\xi) = \theta^\top f_y = \sum_{s_j \in \xi} \theta^\top f_{S_j} \tag{10-11}$$

对于观测到的行为轨迹，可以假设这些轨迹的期望值为 Agent 在环境中可以收获的 Reward。

$$\tilde{\phi} \approx \tilde{\phi}_{\text{obs}} = \frac{1}{N} \sum_{i=1}^{N} \phi_{\zeta_i} \tag{10-12}$$

为了避免上述多种 Reward 函数造成的模糊问题，在最大熵 IRL 算法 [40] 中，首先引入概率的因素。

$$\sum_{\text{Path}_{\zeta_i}} P(\zeta_i) \boldsymbol{f}_{\zeta_i} = \tilde{\boldsymbol{f}} \tag{10-13}$$

其中，我们可以将轨迹出现的概率表现出来，在这个条件下，拥有相同 Reward 的轨迹会具备相同的出现概率，而具有更高 Reward 的轨迹出现的概率则会有指数级的提升。

$$P\left(\zeta_i \mid \theta\right) = \frac{1}{Z(\theta)} e^{\theta^\top \boldsymbol{f}_{\zeta_i}} = \frac{1}{Z(\theta)} e^{\sum_{s_j \in \zeta_i} \theta^\top \boldsymbol{f}_{s_j}} \tag{10-14}$$

最大熵 IRL 利用了最大熵的方法去消除专家决策过程中存在的不确定性，对于上面轨迹出现的概率，我们需要做的是寻找一个 Reward 函数，能够让专家轨迹出现的概率最大化。

$$\theta^* = \underset{\theta}{\operatorname{argmax}} L(\theta) = \underset{\theta}{\operatorname{argmax}} \sum_{\text{examples}} \log P(\tilde{\zeta} \mid \theta, T) \tag{10-15}$$

对此我们可以使用梯度下降的求法，这里有一个小技巧，可以将轨迹出现的概率转化成计算 State 被访问的频率，这样便于在实际操作中进行计算。

$$\nabla L(\theta) = \tilde{\boldsymbol{f}} - \sum_{\zeta} P(\zeta \mid \theta, T) \boldsymbol{f}_\zeta = \tilde{\boldsymbol{f}} - \sum_{s_i} D_{s_i} \boldsymbol{i}_{s_i} \tag{10-16}$$

目前的 IRL 还仅能应对简单的环境情况，主要原因是目前的 Reward 函数是 State 特征的线型函数，这也导致了它的应用受到限制，在很多情况下可能无法准确地表达 Reward。为了解决这个问题，可以使用深度学习的技术对 Reward 函数进行更加准确的表达。后来研究者提出了深度最大熵 IRL 算法 [41]，使用一个深度神经网络来表达每个 State 对应的 Reward，这里不展开介绍。

10.2.3　GAN 的模仿学习：GAIL

通过前面的介绍，我们知道 IRL 方法可以解决很多真实场景下的问题，但如果我们仔细观察 IRL 的算法会发现，在每一次 IRL 的迭代中，都需要完成一次内部的强化学习去优化策略。我们知道一次强化学习的训练可能就需要比较久的时间，这也使得 IRL 算法会非常耗时。其本质原因在于 IRL 算法最终学习的是 Reward 而非 Policy，如果最终我们需要得到 Policy，这样的方法似乎没有那么高效。我们希望能够找到一种来跳过 IRL 的中间步骤，直接得到最优的行为策略。

在研究上述 IRL 的算法时可以发现，我们通过把专家行为和模型行为进行比较来产生最优的策略行为，这一点其实和 GAN 架构非常像，假设我们把真实数据比作专家用户，而生成器的输出就是我们的策略所产生的数据，那么整个逻辑其实是非常类似的。在 GAN 中我们会有一个判别器用来判断真假，如果放到 IRL 的概念中，其实就是将真实数据作为专家轨迹，这些真实数据都需要有最高的 Reward。在 GAN 的学习中，我们最终可以得到的是一个生成器，这对应了我们想要的策略函数。这样的话，把 GAN 的概念引入模仿学习中就可以解决上述问题了。

GAIL（生成对抗模仿学习）正是使用了 GAN 的方法来进行模仿学习的模型 [42]，它的方法本质上和 IRL 的方法非常接近，其中 GAN 的判别器的输出其实等价于 IRL 中输出的 Reward。下面这段是 GAIL 简化后的伪代码（见伪代码 10-3）。

伪代码 10-3 GAIL 简化版伪代码（初始为专家行为轨迹 $\{\hat{\tau}_1, \hat{\tau}_2, \cdots, \hat{\tau}_N\}$）

初始化生成策略 π_θ 和判别器 D_ϕ;

while GAIL 还没有收敛 **do**

使用 π_θ 生成一组行为轨迹 $\{\tau_1, \tau_2, \cdots, \tau_N\}$;

更新判别器参数 ϕ，提升 $D_\phi(\hat{\tau}_i)$，降低 $D_\phi(\tau_i)$;

更新生成策略参数 θ，目标是提升 $D_\phi(\hat{\tau}_i)$;

end while

10.3 本章小结

本章介绍了 GAN 与强化学习、逆强化学习之间的关系，虽然是机器学习中截然不同的分支，但它们之间其实有非常多的概念是相互重叠、融会贯通的。我们也可以发现，强化学习中常用的策略梯度方法也已经被借鉴到了 SeqGAN 中，可见虽然所针对的问题不同，但是还是可以找到借鉴的方法来优化各自领域中的问题。

第 **11** 章

新一代GAN

全球高校和企业的研究机构不断推动 GAN 如火如荼地发展，这也使得最近一两年不断有效果惊人的新模型诞生。这些模型在传统 GAN 的基础上效果有明显的提升，在一些公开的数据集上已经能够生成很多令人难以分辨真伪的内容。在本章中，我们会介绍 GAN 的评估方法，以及近些年来关于 GAN 的一些突破性研究。

11.1 GAN 的评估方法

在 GAN 的优化方向上，对于生成模型的评估指标一直是行业的重要研究领域，评估生成效果最直观的方法就是人眼检测，因为人类具备天生的判断能力，可以很好地去判别一张图片是不是计算机生成的。

然而如果只用人来判断的话会有很多问题，首先最大的问题就是人力资源是有限的，而生成的图像却是源源不断的，如果所有的生成内容都需要人来做评价，成本就过高了。其次，对于图像类的数据，人们每看一张图片可能就需要花费几秒，这对于海量的数据来说是不现实的。此外，人为的操作难免会导致失误，这也是我们不想看到的。

Ian 在对 GAN 进行优化时提出的评估方法是 Inception Score。在认识 Inception Score 之前我们先要看一下 Inception v3 神经网络，这是谷歌公司研发的一个基于 ImageNet（来自 1000 个分类的 1200 万张图片）训练的分类模型，它在分类任务中表现非常突出。在大量的深度学习任务中，Inception v3 都会是一个比较好的预训练模型，网络结构如图 11-1所示。

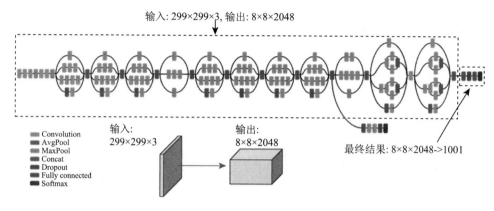

图 11-1　Inception v3 网络结构图（见彩插）

Inception Score 可以说是一个评估指标，它基于上述模型对于生成图像的质量进行评估 [43]，主要从以下两个方面来进行评估：

- 生成的图像是否包含清晰的内容，从分类角度来讲也就是该图像是否能够被高概率地判断为某一个类别。
- 生成模型需要保证多样性，所以希望模型生成的图像能够尽量多地覆盖所有的分类。

基于上述两种特性，可以通过下面的式子来计算 Inception Score 的得分，其中 D_{KL} 为 KL 散度，$p(y|\boldsymbol{x})$ 为特定输入分类的概率，$p(y)$ 为整体分类的概率。

$$\mathrm{IS}(G) = \exp\left(E_{\boldsymbol{x}\sim p_g} D_{\mathrm{KL}}(p(y|\boldsymbol{x})\|p(y))\right) \tag{11-1}$$

另一种评估方法是 FID（Frechet Inception Distance）Score，该方法将生成的图像嵌入 Inception Net 的一个特定层给出的特征空间中，将该空间视为连续的多元高斯分布，对生成数据和实际数据的均值和协方差进行计算 [44]。

谷歌基于 FID Score 方法对大量生成对抗模型进行了评测，如图 11-2所示。大部分 GAN（包括 WGAN 等）在该指标下的表现大致相同，但是 GAN 方法生成图像的 FID 得分要高于 VAE 方法所生成的，这说明 GAN 确实更适合于图像生成的任务。但从另一个角度看，我们会发现 GAN 的各类模型 FID Score 的分布范围都比较大，可见训练中的数据等因素会对 GAN 的最终效果有比较大的影响，而模型之间的差异其实并不是非常大 [45]。

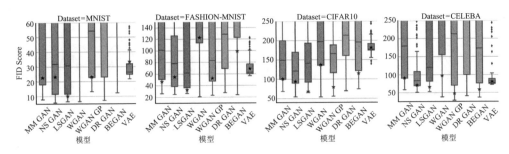

图 11-2   各种 GAN 的 FID 测试结果

Ian 本人也曾在访谈中表示，目前该领域的评估确实非常难实现。目前 FID Score 可能是业界比较优秀的评价方式了。

GAN 优化的另一个方向是针对 GAN 经常出现的泛化性问题和模式崩溃问题进行优化，其本质是对于生成多样性的一种优化。

泛化性问题的本质是生成模型并没有从有限的训练集中学会如何生成数据，而是"死记硬背"地记住了一部分训练数据，在生成时只是单纯地重复输出训练集中已有的数据。

模式崩溃问题其实分为两种。第一种是彻底的模式崩溃，这也是 GAN 训练中非常常见的，当训练到一定程度后，我们会发现生成器开始不停地重复类似的数据，仿佛进入了某个怪圈，这个时候就可以停止训练了，因为生成器已经进入模式崩溃状态。

第二种情况称为模式消失（missing mode），这一情况比较棘手也难以发现，在这种情况下生成模型看似具备多样性，但其实只会生成一部分类型的数据，很容易骗过人类。

图 11-3 中给出了一个模式崩溃的示例。

图 11-3   文本生成图像中的模式崩溃

11.2 GAN 的进化

11.2.1 SNGAN 与 SAGAN

对于 GAN 的优化通常会集中在训练的稳定度和生成质量上，近几年的研究方向也围绕着这两点展开，SNGAN [46] 和 SAGAN [47] 是在这两方面优化上表现比较好的模型。

稳定性问题是 GAN 研究中的一项巨大挑战，此前的 WGAN 和其升级版 WGAN-GP 已经做了很多稳定性上的优化。为了使 GAN 的训练过程更加稳定，研究者提出了一种"谱归一化"的方法，用于提高 GAN 训练的稳定度。它对判别器神经网络中使用的权值进行归一化，使得网络保证了 Lipschitz 连续性，也就是说判别器的网络被限制，不能进行剧烈的变动，从而稳定整个 GAN 的训练。

这种"谱归一化"方法在计算上非常轻量级，同时也能够很简单地集成到现有的系统里。SNGAN 将"谱归一化"集成到了 GAN 的训练中，并得到了非常好的效果。实验显示 SNGAN 的表现比之前针对训练稳定性的优化方法都更有效，同时在图像生成质量上也更优。SNGAN 的 IS 得分为 36.8，FID 得分为 27.62。

生成质量也是 GAN 生成模型需要优化的，但如果仔细观察之前提到的 GAN 模型所生成的图像，我们会发现 GAN 在生成某些图像类别时效果会更好，比如对于天空、大海、风景这样的类别生成结果要比对动物、物品的生成结果好。通过分析这些类别可以发现，前者的图像往往没有明确的结构，而是将重点放在图像的纹理上，但后者往往存在明确的几何结构，如果结构出错，就会导致生成的图像不逼真。但是传统的 GAN 使用的卷积层往往只会用到局部的结构信息，但如果要考虑全局信息，则不得不提升网络的规模，这也会导致计算量直线上升。

SAGAN 引入了自注意力机制来克服上述问题，它在计算机视觉和自然语言处理领域应用得比较好。自注意力机制会考虑全局信息以保证图像的整体结构不丢失，同时因为只考虑与当前相关的全局信息，所以也有效提升了计算效率。SAGAN 也引入了 SNGAN 提出的"谱归一化"技术去提升训练的稳定度。从最终的实验来看，相比于 SNGAN，SAGAN 获得了更好的生成结果，IS 得分从 36.8 提升到 52.52，而 FID 得分则从 27.62 降低到 18.65。图 11-4是 SAGAN 在一些类别下的生成效果。

goldfish
(44.4,58.1)

indigo
bunting
(53.0,66.8)

redshank
(48.9,60.1)

saint
bernard
(35.7,55.3)

tiger
cat
(88.1,90.2)

stone wall
(57.5,49.3)

geyser
(21.6,19.5)

valley
(39.7,26.0)

coral
fungus
(38.0,37.2)

图 11-4   SAGAN 在各个类别下的生成效果

11.2.2   BigGAN

生成更高质量、更多样化的图像是 GAN 一直以来的目标，然而大部分工作虽然在一些诸如手写数字的数据集上效果不错，但是一旦到了复杂的高清图像下就不行了。但这个局面在 2018 年的时候被打破了，谷歌旗下的 DeepMind 提出了一个叫作 BigGAN 的高质量生成模型 [48]，它在社交媒体上展示的生成效果令人惊讶，生成的高清图片非常逼真，效果极佳。图 11-5所示的八幅图片是 BigGAN 在 512×512 分辨率下生成的，几乎和真实的图像没有差异，人眼很难分辨出这些图片不是真的。

图 11-5　BigGAN 在 512×512 分辨率下生成的图片

　　BigGAN 使用了非常大规模的网络模型，并且解决了大规模网络训练中的不稳定问题，核心的思想借鉴了前文中介绍的 SNGAN 和 SAGAN，但是使用了更多的参数。此外，BigGAN 使用一种"截断技巧"来平衡生成结果的多样性和精确度。通常传统的 GAN 会从一个高斯分布中采样输入数据，这里的"截断技巧"通过设置采样范围的阈值来限制 z 的范围，如图 11-6所示是使用不同阈值生成的效果，左边的阈值比较大，所产生的狗的形态也更多样化，而越往右阈值越低，也导致狗的形态趋于统一。这样的话 BigGAN 就可以对生成器的生成目标进行有效调节。

图 11-6　不同阈值下的生成结果

　　BigGAN 在 128×128 的 ImageNet 上的 IS 分数为 166.3，FID 分数为 9.6。相比

于之前 SAGAN 保持的纪录（IS 分数为 52.52，FID 分数为 18.65），效果提升非常明显。但对于高清生成结果的优化并没有停止。BigGAN 的逼真效果在业界引起轰动后不久，DeepMind 公司又在此基础上继续优化，推出了更强大的 BigGAN-deep。它的网络深度是之前的 4 倍，而参数则减少了接近一半。在效果上，BigGAN-deep 也更优于前作，在 128×128 的 ImageNet 训练集上进行测试，最终它的 IS 分数为 166.5，FID 分数为 7.4。

11.2.3　StyleGAN

通过上述介绍我们了解到目前 GAN 已经可以通过诸如堆叠层级等技术手段来生成高质量的图像，模仿出真实的图片。但是在生成的过程中，生成器依旧是一个"黑盒子"，研究人员对于生成器的控制还是非常有限的。之前的 cGAN 通过为生成器添加标签的方式来增强对生成结果的控制，但要做到这一点仍然需要人为地分类信息。InfoGAN 使用了最大化输入与输出之间互信息的方法来让生成器的输入变成有意义的特征，但还是需要增加一个额外的网络用于条件的生成。

英伟达公司设计了一种全新的生成网络 StyleGAN [49]，可在没有人类介入的情况下自动区分图片中的各个不同方面，在训练后可以将这些方面进行组合，从而生成我们想要的图片。图 11-7 中显示了 StyleGAN 的生成结果。该生成器将一张图片看作一系

图 11-7　StyleGAN 生成结果

列"风格"的集合,每种风格控制了图片中某个尺度上的一个具体效果。比如粗粒度的风格包括人的姿势、头发的样式、脸型;中等粒度的风格包括脸部特征、眼睛;细粒度风格包括色彩等。

StyleGAN 和传统 GAN 的不同点在于对输入的正态分布采样信号通过一个网络映射的深度网络,将随机因子 z 转换成一个隐含层的特征向量 w。假设图 11-8a 为训练集的特征分布,如果直接将 Z 映射到特征,那么会产生图 11-8b 中的状态,所有的特征之间产生了比较明显的纠缠,而当我们使用隐含层的特征向量 w 去映射时,会发现该特征在形态上更接近原来的数据分布,使得中间层的特征数据本身更容易进行解耦。

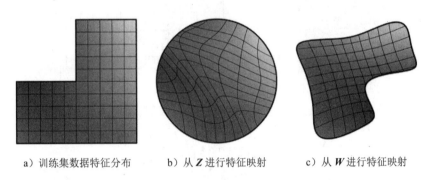

a) 训练集数据特征分布   b) 从 Z 进行特征映射   c) 从 W 进行特征映射

图 11-8 训练集、正态分布随机输入、网络映射隐含层的数据分布示意图(见彩插)

StyleGAN 使用了一种基于风格的生成器结构,如图 11-9所示,左侧的随机输入通过一个八层全连接网络构成的映射网络转化为隐含层特征 w,并用 w 的各个特征维度去控制右侧图像合成网络各层不同的风格。其中 AdaIN 为自适应的实例归一化,用于对图像数据进行风格化处理,除此以外,还在图像合成的每一层中加入了外部噪声,保证图像结果的多样性。

此外,为了更好地量化网络的纠缠程度,StyleGAN 提出了两种全新的量化方式:感知路径长度和线性可分离性。其中感知路径长度是指在隐空间中两点之间进行差值计算,并计算输出图像变化的剧烈程度,如果纠缠解耦好的话,这个过程应该是比较平滑的;线性可分离性是指如果特征能够充分解耦,那么应该可以被一个线性的超平面比较完美地划分,那么就可以通过计算线性超平面划分空间的好坏程度来评估网络的纠缠程度。

StyleGAN 的效果非常惊人,从官方提供的视频中我们可以看到其生成的人脸可以非常平滑地过渡。在论文提供的实验中,StyleGAN 的 FID 得分可以下降到 4.40。

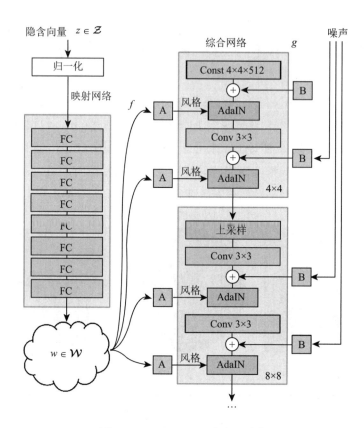

图 11-9　StyleGAN 生成器结构

11.3　本章小结

随着 GAN 的基础理论逐渐完善以及训练规模的逐步上升，最终的生成效果也不断完善，本章中介绍的 BigGAN 和 StyleGAN 都已经可以生成以假乱真的高清图片。未来的 GAN 将具备更强的生成能力，必将被逐步应用到各行各业。在第 12 章中，会为大家介绍目前 GAN 的一些应用案例，帮助大家了解在实际应用中 GAN 究竟可以起到什么样的作用。

第 12 章

GAN的应用与发展

12.1 多媒体领域的应用

生成对抗网络技术源于 Ian 在图像生成领域的探索,所以 GAN 的大部分研究其实最先都基于多媒体领域。在本章中我们将通过一些研究实例来介绍 GAN 是如何应用到这些领域的。

12.1.1 图像处理

1. 图像去模糊

在之前的介绍中我们已经看到了很多关于 GAN 在图像应用中的实用案例。在 4.3.3 节中,我们看到了如何使用 DCGAN 来补全图像,对于部分镂空和随机镂空的情况都可以做到比较完美的补全。在 6.1.2 节中介绍的 SRGAN 可以将模糊图片通过生成对抗网络还原成高清图片,也就是所谓的超像素。由于硬件成本通常都比较高,通过此项技术可以在不升级原有硬件的情况下提高成像效果。

一个和补全图像与超像素非常类似的应用实例是图片去模糊(DeblurGAN)[50]。在现实场景中,基于拍摄原因或者设备原因,我们经常会拍摄到模糊的图片,但很多情况下我们无法再重新拍摄同样的照片,此时图像去模糊可以在我们的实际生活和工作中起到很大的作用。

　　图 12-1是一个图像模糊情况下的物体检测实验，使用的是 GoPro 拍摄的图片，第一张图片是在照片模糊的状态下使用著名的物体识别方法 YOLO 实现的效果，计算机几乎难以识别图中的内容，错误率非常高。第二张图片是使用了 DeblurGAN 之后的效果，可以发现其与第三张理想情况下的识别效果已经非常接近了，而且从图像质量还原上来看，效果也已经非常好了。

图 12-1　图像模糊情况的物体检测试验（见彩插）

　　官方提供了大量 GoPro 拍摄的街景数据作为训练数据。图 12-2展示的是模糊图像（左图）、经过 DeblurGAN 转换后的还原图像（中图）与真实的清晰图像（右图）之间的对比。其中下方的小图是对应方框中图像的放大效果。从肉眼观测来看，DeblurGAN 对于模糊图像的还原做得非常好，几乎逼近真实清晰图像的效果。

图 12-2　DeblurGAN 转换效果示意图

　　DeblurGAN 的生成器网络结构如图 12-3所示，包含两个步长为 0.5 的卷积模块、九个残差模块和两个转置卷积模块。其中每个残差模块会包含一个卷积层、一个实例归一化层和 ReLU 激活函数。这里的九个残差模块是 DeblurGAN 用来对模糊照片进行上采样的核心模块。

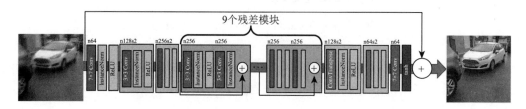

图 12-3　DeblurGAN 生成器网络结构图

图 12-4展示了 DeblurGAN 的训练过程的框架图，目标函数中包含两种损失函数，第一种是感知损失（perceptual loss），第二种是对抗损失（这里使用的是 WGAN Loss）。感知损失用于判断该生成对抗网络是否是在还原原始图像，而对抗损失则是判断能否生成真实图像。如果从成像方面加以区分，前者专注在图像内容上，而后者则是还原图像的细节部分。

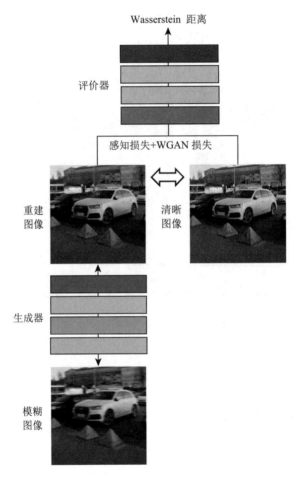

图 12-4   DeblurGAN 训练过程的框架图

DeblurGAN 项目方在 GitHub 上推荐了实现的 Keras 版本代码[⊖]。读者可以直接运行源码来体验还原模糊图像的效果。首先通过下列命令行下载项目。

⊖ https://github.com/raphaelmeudec/deblur-gan

```
$ git clone https://github.com/RaphaelMeudec/deblur-gan.git
$ cd deblur-gan
```

如果希望使用 GoPro 数据集，可以运行下载数据命令。

```
$ python organize_gopro_dataset.py --dir_in=GOPRO_Large --dir_out=images
```

可以分别使用 train.py 与 test.py 来训练与测试网络。

```
$ python train.py --n_images=512 --batch_size=16
$ python test.py
```

如果需要对你自己的图片进行去模糊处理，可以运行下面的命令。

```
$ python deblur_image.py --image_path=path/to/image
```

除了 GoPro 数据集以外，原作中还给出了 Kohler 数据集[○]的测试结果，如图 12-5所示。经过多次测试验证，DeblurGAN 在模糊图像还原的任务中可以非常高效地完成修复任务，并且比传统的深度学习方法的速度快好几倍。

图 12-5　Kohler 数据集还原效果图

2. 图像转换

GAN 目前有很多在人脸生成方向上的应用。比如 2018 年初社交媒体 Reddit 与 Twitter 的项目 DeepFake，它的核心功能非常简单，就是将视频或图片中的人脸进行互换。这个功能对于那些制图高手来说似乎并不困难，但是 DeepFake 完全是基于计算机

○ https://sites.google.com/site/jspanhomepage/l0rigdeblur

自身的能力进行处理的，并且最终实现的效果非常棒，有的时候让人几乎看不出修改的痕迹。

最初版本的 DeepFake 使用的是自动编码器的技术，后来网络上有了基于 GAN 的改进版本 faceswap-GAN[⊖]，下面简单介绍一下它的整体运行思路。图 12-6 是 faceswap-GAN 训练阶段与测试阶段的示意图，训练过程中需要大量的人脸 A 数据，通过算法将其进行扭曲处理，变得与人脸 A 不同，再通过自动编码器在重建的人脸上生成遮罩，最终通过遮罩信息与之前输入的信息还原人脸 A 的数据。在测试过程中，网络会将人脸 B 的信息认作训练集中扭曲过的训练集人脸，经过同样的步骤将其还原为人脸 A 的状态。

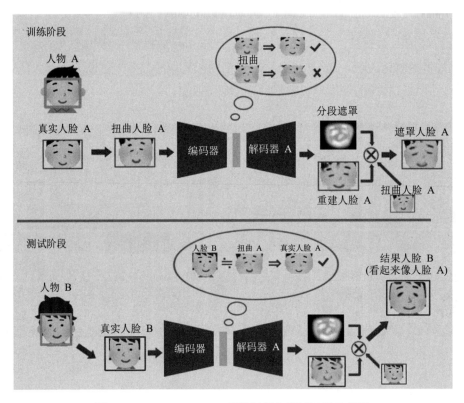

图 12-6　faceswap-GAN 训练过程与测试过程示意图

图 12-7是上述 faceswap-GAN 的目标函数，由三个损失函数组成。第一项为重建损失，确保重建后的人脸与原始人脸相似。第二项为 GAN 中的对抗损失，需要计算机

⊖ https://github.com/shaoanlu/faceswap-GAN

判断输出的人脸是真实的还是生成的。最后一项为可选项，是人脸数据的感知损失用于
判断原图像与生成图像的整体相似度。

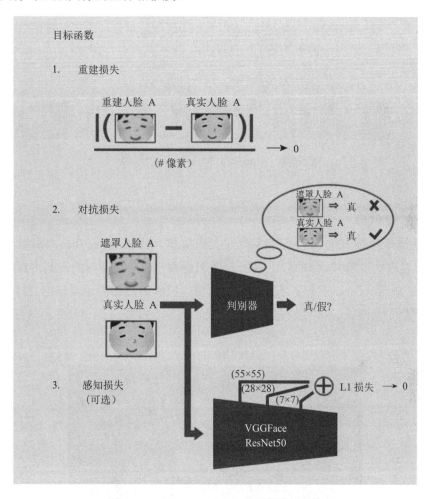

图 12-7　faceswap-GAN 目标函数示意图

　　目前 faceswap-GAN 的完整代码设计可在 GitHub 的项目源码中找到。在 2018 年，
英伟达公司提出的一种更加通用的视频合成架构 video-to-video，它可以对于输入的视
频进行快速处理添加效果并生成对应的输出视频。如图 12-8所示，当我们输入一段舞蹈
视频以后，可以很快得到一个切换了人物但是跳舞姿势完全一致的视频。

　　从应用的角度看，目前大量图像或视频的转换技术大多依然用于网络趣味性应用，
比如 SnapChat 就有一款非常流行的滤镜，可将用户的脸进行互换。而从商用角度考虑，

比如电影制作中，可以将该技术应用于后期处理，对于替身演员的人脸更换可以完全使用该技术来完成。

图 12-8　video-to-video：跳舞视频转换

12.1.2　音频合成

AI 在音乐生成方面已经有很多商业上的尝试。比如 Youtube 网络歌手 Taryn Southern 发布的专辑 *I AM AI*，整张专辑都是由 AI 全程参与的。其中首发的歌曲 *Break Free* 在 Youtube 上得到了超高的点击量，整首歌也充满了未来感，MV 中的视频部分采用了 DeepDream 生成器合成的图像，为这首歌添加了一份神秘的色彩（见图 12-9）。

图 12-9　歌曲 *Break Free* 的 MV 中由 DeepDream 合成图像

在古典音乐方面，有一家叫作 Aiva 的公司通过深度学习技术吸收了海量的古典音乐作品。正如人类音乐家在创作以前必须经历漫长的模仿过程一样，Aiva 通过计算机自己的方式快速成长，从模仿到创作的时间远远快过普通人。根据团队介绍，他们通过深度学习让 Aiva 阅读大量由最著名的作曲家（巴赫、贝多芬、莫扎特等）创作的古典音乐。Aiva 通过对现有音乐作品的学习来捕捉音乐理论的概念。听过大量音乐并学习了自己的音乐理论模型之后，Aiva 组成了自己的乐谱。这些乐谱由专业艺术家在录音室的真实乐器上演绎，实现最佳音质。

音乐界的图灵测试是把 AI 与作曲家各自作的曲子混在一起，如果在演奏时人们不能听出区别，那就说明这个 AI 已经通过了图灵测试的考验，而在实际测试过程中，测试者几乎完全无法分辨 Aiva 的作品。

我们发现目前大部分 GAN 应用领域的工作确实都集中在图像和视频领域，目前在研究领域对于基于 GAN 的音频生成相关工作还很少。这里要介绍的 WaveGAN 和 SpecGAN 正是研究者将 GAN 应用在音频合成方向上的尝试 [51]。

为了将 GAN 应用到音频领域，一个最直观的做法就是把音频信息也当作图像进行处理。图 12-10 是图像数据和音频数据的可视化比较，左图为从图像数据中随机取出的 5×5 像素，可以发现图像数据的特点是边缘比较显著，右图为截取长度为 25 的音频可视化数据，它的特点在于具备很强的周期性。

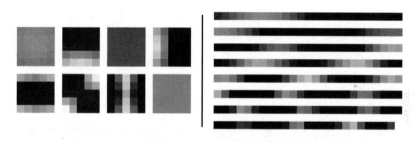

图 12-10   图像数据和音频数据的可视化比较

WaveGAN 与 SpecGAN 的差别在于前者对于音频采用时间域的处理方法，而后者使用的是频域处理。我们先来看一下 WaveGAN 是如何做的。

WaveGAN 的整体架构是基于 DCGAN 进行改进的。根据音频数据的特性，将 DCGAN 中 5×5 的二维过滤器替换为长度为 25 的一维过滤器，上采样也从 2 变成了 4。同样，对于判别器也需要做出相应的修改。图 12-11 和图 12-12 是图像数据使用 DCGAN 与音频数据使用 WaveGAN 的可视化比较。

在经过多次实验验证后，使用 DCGAN 或者是 WGAN-GP 的方法均可以得到令人比较满意的效果。最终的实验效果如图 12-13所示，三行数据分别是真实音频数据、WaveGAN 生成数据以及 SpecGAN 的生成数据。其中 SC09 是数字 0～9 的人声发音数据集，TIMIT 是大规模语音数据，后面三列分别是鸟叫声、鼓声和钢琴声。

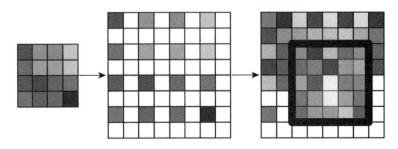

图 12-11　DCGAN 可视化示意图

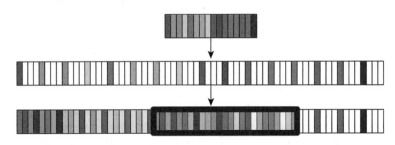

图 12-12　WaveGAN 可视化示意图

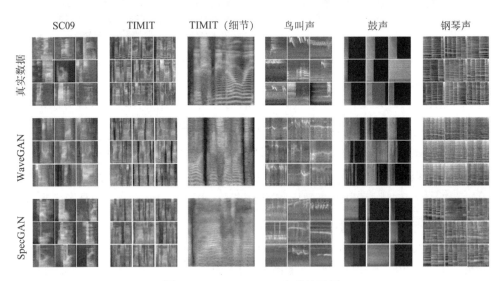

图 12-13　WaveGAN 生成效果图

除了一些常规的计算机验证方式以外，该研究者还邀请了大量真实体验者来为 WaveGAN 和 SpecGAN 生成的数据进行打分。实验中使用的是 SC09 数据集，会将真实数据与两类生成数据打乱提供给体验者，让他们分别从音质、理解容易程度和多样性上进行 1 到 5 的打分，图 12-14是最终的评分统计结果。

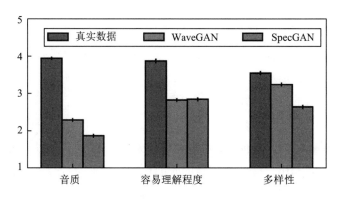

图 12-14　WaveGAN 生成效果评分（见彩插）

WaveGAN 与 SpecGAN 的项目代码开源在 GitHub 上[⊖]，同时提供了实验的数据集供大家测试。

12.2　艺术领域的应用

还记得本书开头那个艺术品赝品制作和鉴别师的例子吗？人工智能的研究也确实已经在艺术领域生根发芽了，比如上一节中我们看到的 AI 在音乐制作上就给予了创作者很大的帮助。本节中我们重点讨论 AI 艺术与 GAN 在其中的应用。

12.2.1　AI 能否创造艺术

随着人工智能行业的发展，越来越多的应用从实际的工程领域逐渐开始影响艺术行业的发展。越来越多的人开始思考，AI 究竟能否创造艺术？一些艺术家也开始担心自己的工作受到了威胁。但从另一个角度来看，人工智能时代会不会出现全新的艺术形式？是否会带来更多的艺术可能性？

⊖ https://github.com/chrisdonahue/wavegan

　　如果有艺术家在担心自己的工作会被 AI 取代，那么目前他们更应该思考的是 AI 作为一种艺术创作工具能够给他们的艺术创作带来什么帮助。当我们回顾历史的时候，可以发现每当新技术出现的时候，艺术领域最初总会有一种排斥的态度，比如最初的摄影、比如电脑动画制作。但是往往随之而来的却是大规模的创新与新艺术形式的崛起。

　　这里以摄影艺术的发展为例来对比 AI 与艺术创作的关系。在摄影技术刚刚出现的时候，有些绘画艺术家也曾说"这是绘画艺术的末日"，然而摄影虽然取代了原本绘画的一部分功能属性，但是从艺术层面却产生了全新的摄影艺术形式，并对传统的绘画艺术领域也起到了很大的推动作用 [52]。

　　图 12-15 是 19 世纪摄影技术刚刚发明不久时的绘画作品（左图）与摄影作品（右图）。那个时候的画家都投身于现实主义，大量写实作品层出不穷。而同时期的摄影技术还处于早期阶段，拍出一张照片需要的时间比较长，而且成像质量也比较低。

图 12-15　19 世纪的绘画作品与摄影作品

　　但是随着摄影技术的进步，成像质量逐步提升，成像速度也变得越来越快，如图 12-16 中左图所示。这个时候的画家也开始不再专注于写实，而是会选择更多样化的绘画方式，比如图 12-16 中图所示的著名印象派画家詹姆斯·惠斯勒的作品 Nocturne。相对地，如图 12-16 右图所示，摄影师也开始模仿画家的抽象派绘画作品。摄影与绘画在发展过程中产生了积极的相互作用，推动各自不断发展。

　　和摄影技术一样，AI 技术同样也会是艺术创作者的工具。科学技术的不断进步会使得艺术创作更加平民化，就像摄影让普通人也可以创作自己的图像作品，AI 也一样会进一步降低艺术创作的门槛。

图 12-16　摄影与绘画的互相影响

AI 技术也许可以为艺术行业带来全新的景象。首先，它一定会创造全新的艺术形态，给艺术家提供更多的机会。其次，AI 技术会对传统的艺术形态进行加强，让原来的艺术形式焕发出全新的活力。在我们的传统思维中，科学技术与艺术总是互相独立的，但是历史一次又一次证明它们之间应该是相辅相成的。

12.2.2　AI 与计算机艺术的发展

1. 程序化生成艺术（Generative Art）

在 AI 艺术的概念还没有出现之前，早在 20 世纪就有一些先驱艺术家尝试使用计算机来创作艺术作品。人们通过设计师对于程序规则的设定创造出了"绘画机器"，计算机可以利用随机性算法自动生成基于规则的艺术作品，这也就是最初的程序化生成艺术（generative art）[53]。图 12-17 中给出了一个程序化生成艺术作品的示例。

图 12-17　程序化生成艺术作品

这些基于自动化系统的艺术作品利用了大自然随机性的美感,并以此进入传统艺术无法触碰的领域,算法艺术家将分形、遗传算法等技术手段加入他们的创作过程,帮助他们产生那些无法复制的美丽作品,而这些作品已经越来越多地被人们所接受。现代的新媒体艺术展上会大量出现程序化生成艺术的身影(见图 12-18)。

图 12-18   新媒体艺术展中的生成艺术

Electric Sheep 是一款非常著名的分布式程序化生成艺术软件,用户在安装软件后会在屏保时开启由它随机生成的动态画面(见图 12-19)。Electric Sheep 使用众包式的随机算法,所有用户都可以通过它的客户端软件接入 Electric Sheep 网络,将它设置为屏保后,用户的计算机会自动为整个网络提供渲染服务,作为回报,用户的界面上也会展示出美轮美奂的生成艺术动画。该软件名字的含义也暗合人类睡觉时数羊的场景,而计算机睡眠的时候则是自动化地创造艺术。

此外,MIT 媒体实验室专门面向视觉艺术编程开发了编程语言 Processing,该语言在视觉艺术家中非常流行,使用 Processing 编写算法动画非常简便,开发者可以使用交互式的编程方式即时看到结果。Processing 是基于 Java 开发的,之后也推出了 Python和 JavaScript 的版本,简化的编程语言也让更多的设计师和开发者加入了程序艺术的行列中。读者可以从 Processing 的官网[⊖]下载编辑器,上手体验如何创作一个程序化生成艺

⊖ https://processing.org/

术作品，官网配套了非常友好的入门教程。图 12-20 中给出了一些 Processing 作品展示。

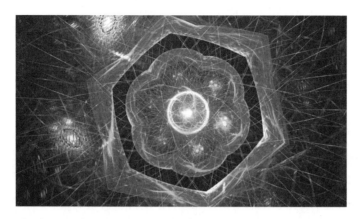

图 12-19　Electric Sheep 中的生成艺术

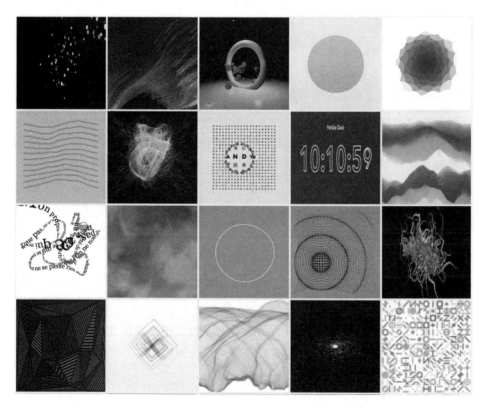

图 12-20　Processing 作品展示

2. DeepDream：AI 的艺术梦境

DeepDream 的出现缘于谷歌内部的一个图像分类和识别的需求。人工神经网络的发展以及庞大的图像库（如 ImageNet 的建立）推进了图像分类和语音识别的飞速发展。对于图像识别，这些神经网络模型非常有效，但是为什么有效以及在哪一层产生了效果？科学家花了更多的时间去探究这个黑盒子里面的演进过程，希望通过可视化的手段来探究计算机眼中的世界是什么样的。

先简单介绍一下 DeepDream 项目的神经网络，这个模型原本是用于图像识别的。这是一个由 10~30 层人造神经元堆叠而成的模型，科学家通过数以百万计的训练实例逐渐调整网络参数，直到创造出他们想要的分类模型。每个图像从输入层输入，然后与之后的每一层进行交互，直到最终到达输出层。最终的输出层会给出模型的结果，即识别出图像中是什么并进行分类。研究者发现，那些用来训练的图像分类神经网络已经具备相当多的信息，可以用来生成或是改变图像，这个原本用于图像识别的系统已经有了创作抽象作品的能力⊖。

神经网络层次越深，虽然耗费的算力越多，但最终得到的模型的准确度也会越高（见图 12-21）。这是因为在模型中，每一层会逐渐提取图像的更高层次的特征，直到最后一层，基本上可以对显示的内容做出判断。举个例子，如果输入的图片是一棵树，那么第一层可能会查找边缘或角落，中间层会解释基本特征来寻找整体形状或组件，比如叶子，最后的几层将这些组装成完整的解释，输出相对比较非常复杂的事物，比如树木。最终模型输出的结果就是判断出了这个图片中显示的是一棵树。在此过程中，每一层的抽取和判断是具有随机性的，所以神经网络中最有挑战性和最吸引人的就是了解每一层究竟发生了什么。DeepDream 的科学家从这个角度思考，逐渐发现这个原本用于图像识别的系统有了创作抽象作品的能力 [54]。

谷歌的技术人员给网络提供任意图像或照片，让网络进行分析，然后选择一个网络层，增强某一个检测到的属性。神经网络的设计方式会让每一层处理不同层次的抽象特征，因此生成图像的特征复杂性取决于选择了增强哪一层。低层次的网络处理的是边缘，中层次的处理的是组件，比如叶子，高层次的处理的是完整的物体。所以，如果增强较低的层次的检测属性，往往会产生笔画或简单的装饰图案，因为这些网络层对诸如边缘等基本特征比较敏感，可以参见图 12-22。

⊖ https://ai.googleblog.com/2015/06/inceptionism-going-deeper-into-neural.html

图 12-21 神经网络低层次特征属性的增强

图 12-22 神经网络低层次不同特征属性增强的变化

如果选择了较高的层次，那些网络层会识别出图像中更复杂的特征，甚至是整个对象。我们可以对神经网络产生一个正反馈循环：如果云朵中的某一部分看起来有点像飞鸟，那么我们就把它变得更像一只鸟，效果可以参考图 12-23。

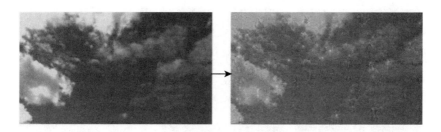

图 12-23 神经网络高层次特征属性的增强

这产生了非常有意思的结果，即使是一个相对简单的神经网络，也可以用来进行对图像的想象，就像孩子看到云时会把它想象成一些随机的形状。图 12-24 中的这个神经网络主要是在动物的图像上进行训练，所以很自然地将云朵的形状解析成了动物。由于这些信息存储在高层次的抽象中，所以在输出的结果中混合了有趣的动物特征。

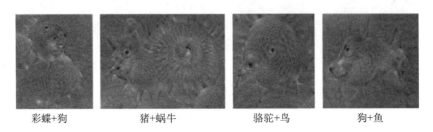

彩蝶+狗   猪+蜗牛   骆驼+鸟   狗+鱼

图 12-24   云朵和动物（见彩插）

当然，还可以用这个技术做更多有意思的事情，可以应用在任意的图像上。结果与图像类型有很大的差异，因为输入图像的特征会使得网络往一定的方向发展。例如图 12-25，地平线的图像上会出现塔和宫殿，岩石和树木会转变成建筑物，而鸟和昆虫则会出现在叶子上 [54]。

地平线   树   叶片

塔   建筑物   鸟和昆虫

图 12-25   DeepDream 的图像融合

就这样，一个用于图像识别的系统，因为一个网络学习结果可视化的需求，打开了从单一进化图层了解事物的新视角。就像当年，毕加索将一个物体的多个剖面拼合并平铺在同一个平面时，全新的构图角度创造了立体主义，也带来了前所未有的视觉冲击。如果忽略掉 DeepDream 背后的高性能计算机，其产生的作品无疑是一种新的艺术流派。只是目前如此诡异的艺术形态目前还难以被大众广泛接受。

3. 艺术风格转换

在上文的 DeepDream 中我们其实已经看到了一些风格转换的画面，所谓艺术风格转换是指将某一幅图片以另一种艺术形态进行重绘的过程。最初对于这样的风格转换通常使用的也是规则化的图像处理，图 12-26和图 12-27中给出了一些案例 [52]。

图 12-26　基于规则的图像手绘风格转换 1

图 12-27　基于规则的图像手绘风格转换 2

随着神经网络技术的进步，在 2016 年，这一领域有了突破性进展，研究者发明了神经网络风格转换的方法。使用卷积神经网络作为风格转换的载体，在对于风格和原图的融合过程中，我们无须知道艺术作品应该是什么样的，网络会自动学习到对应的特性，对应的网络结构如图 12-28所示。

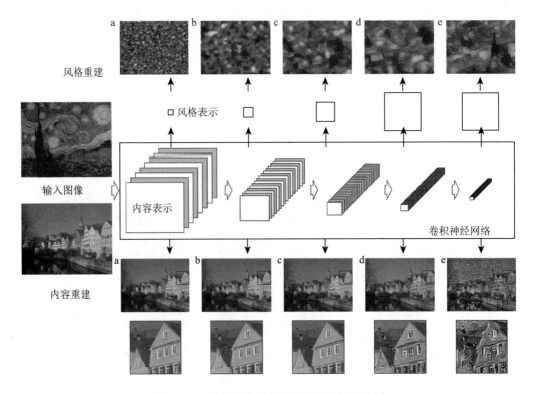

图 12-28   神经网络风格转换流程框架示意图

在本书第 8 章中我们也学习了如何使用 GAN 来进行从图像到图像的风格转换。使用 Pix2Pix 和 CycleGAN 的技术可以将图像进行领域之间的转移，如图 12-29所示，CycleGAN 将一系列油画作品还原成了真实图像的场景，让人能够直观地感受到画家创作时所面对的风景。

在风格转换技术越来越成熟的情况下，市场上也涌现了一批像 Prisma⊖这样的热门图片 App，图 12-30 中给出了一个效果图示例。对于普通消费者来说，这样的应用能够更好地拉近他们与艺术创作之间的距离，通过简单的拍摄和软件制作就可以创作出一幅属于自己的艺术画作。

⊖ https://prisma-ai.com/

输入　　　　　　输出　　　　　　　输入　　　　　　输出

图 12-29　CycleGAN 的实景与油画风格转换

图 12-30　Prisma 风格化效果图

12.2.3　艺术生成网络：从艺术模仿到创意生成

GAN 作为 AI 领域著名的生成模型，除了上面提到的艺术风格转换以外，我们更希望它能够自主地生成艺术作品，本节中我们会介绍研究者如何使用 GAN 技术让 AI 从模仿开始，一步一步开始创作全新风格的艺术作品。

1. GAN 的艺术模仿

由于 DCGAN 在图像生成领域的成功，研究者自然想要尝试它在图像艺术生成领域的效果。但是相比于图像生成来说，艺术作品生成还是会有所不同。我们先来看之前 DCGAN 训练时使用的数据集，它们的特点在于图片中物体与背景的轮廓都非常清晰，大部分图片也只包含一个目标物体，比如 MNIST 中的数字等。而艺术作品则和真实图片不太一样，它们通常都比较抽象，可能作品中都不会出现实际的物体。

ArtGAN 是一种基于 DCGAN 在艺术生成上进行改进的生成对抗网络[55]，它借鉴了 cGAN 的思想，将各种艺术类型、艺术风格、艺术创作者作为训练集的标签，通过这些艺术标签可以更好地控制艺术生成的风格。ArtGAN 的整体框架图如图 12-31所示，基本与 cGAN 类似，将分类信息分别提供给生成器与判别器，此外，在生成器中的解码器与判别器中的编码器之间会建立一个重建损失，以确保真实艺术作品集在训练中能够很好地被生成器还原。

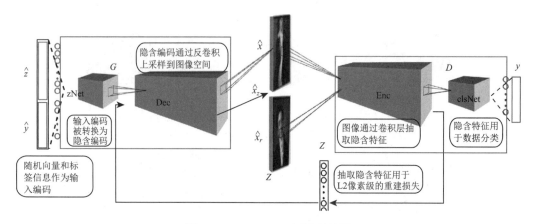

图 12-31   ArtGAN 网络结构图

图 12-32 所示是 ArtGAN 使用艺术家信息作为分类信息的生成效果，其中第一行为法国著名画家古斯塔夫·多尔（Gustave Doré）的作品分类，第二行为文森特·梵·高的作品分类，左边的第一张图为真实艺术家作品，而右边的都是 ArtGAN 生成的作品，两者的风格都和原作者的绘画风格非常接近。

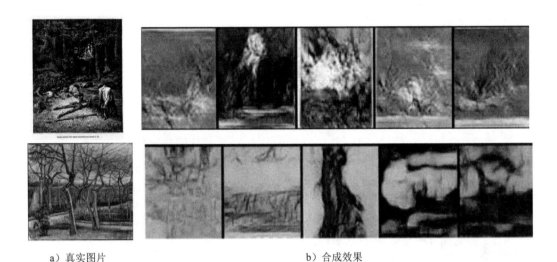

a）真实图片   b）合成效果

图 12-32   艺术家分类的 ArtGAN 生成作品

而图 12-33 是按照艺术风格作为分类信息的生成效果，展示了浮世绘风格的原画和生成作品，一般浮世绘的作品都是使用木板作为作品的底板，所以就会让大部分浮世绘作品以淡黄色为主基调，可以看到 ArtGAN 生成的浮世绘作品也秉承了这一特点。

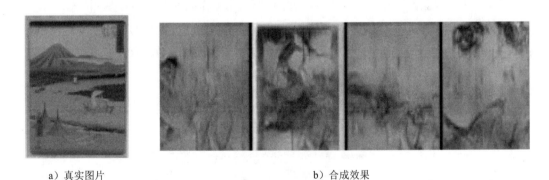

a）真实图片   b）合成效果

图 12-33   艺术风格分类的 ArtGAN 生成作品

2. GAN 的艺术创意生成

上面 ArtGAN 的艺术生成已经可以满足最基础的艺术生成需求，但是生成的艺术作品依然是基于现有的艺术风格。这也符合生成对抗网络本身的原理，因为 GAN 的生成器从最初就是希望模仿真实训练数据的分布。但是在艺术生成领域，这也会导致生成的艺术作品风格显得单调，艺术家不止希望进行艺术性的模仿，而是想要产生更有新意的作品。

有一些 AI 艺术家，比如 Mario Klingemann 和 Mike Tyka，为了避免 GAN 产生风格过于单调的艺术作品，会尝试使用一些训练得"不怎么好"的 GAN，当然这是故意为之，希望能够让生成器因为那些"不完美"而产生一些出乎意料的作品。

在 2017 年，Facebook 研究院提出了一种创造性对抗网络（Creative Adversarial Network，CAN），它的目标是能够自主地生成被大众接受的艺术作品，但是希望生成的艺术作品能够与现有的作品具备一定的区分度，而不是简单地复刻现有的风格 [56]。

CAN 希望生成的艺术作品可以符合以下三点需求：

- 能够生成具有创新性的艺术作品。
- 不能过于创新以至于无法被大众接受。
- 艺术风格要有新意，尽量能和现有的风格有所区分。

CAN 中包含了一个艺术判别器，用于判断作品是否属于艺术范畴，同时还有一个使用艺术风格作为分类信息的分类器，但是与 ArtGAN 截然不同的是，CAN 是要让生成的作品在被判断为艺术作品的前提下，艺术风格越模糊越好，也就是说 CAN 希望在生成的作品被判断为艺术品的同时，能够让艺术风格的分类器对它无从下手。

CAN 的结构图如图 12-34所示，真实的人类艺术家作品和生成器作品同时输入到判别器中进行对抗训练，用于判断是否属于艺术范畴的判别器会像普通的 GAN 一样进行训练，而艺术风格分类器则作为创意生成的核心，判断作品是不是能很好地被分类到一

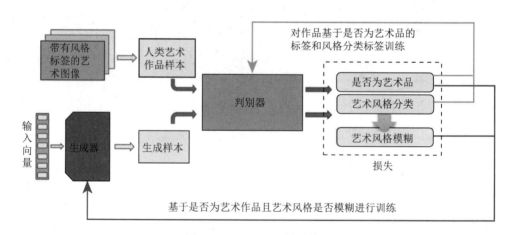

图 12-34　CAN 网络结构图

个固定的艺术风格中。最终我们需要训练的创意生成器需要具备能够"骗过"艺术品判别器，但是难以被艺术风格分类器很好地归于某一类的能力。

CAN 的研究者不满足于系统的实现和理论的验证，他们还组织了 4 次用户访谈实验，将 GAN 与 CAN 生成的作品以及人类艺术家作品打乱呈现给参与实验的观众，并设置了不同的问题要求观众回答，其中也加入了 2016 巴塞尔国际艺术展中人类艺术家的优秀作品（见图 12-35）。下面我们来分别看一看这 4 组实验的设计和结果。

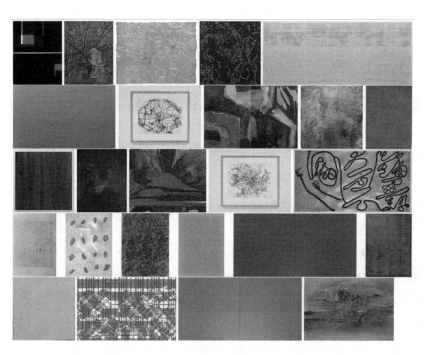

图 12-35　2016 巴塞尔国际艺术展作品

实验 1　该实验包含两个问题，希望验证的内容是 CAN 能否创作出能够骗过观众的艺术作品，同时也希望验证观众是否喜欢机器生成的艺术作品。

- 问题 1：是否是计算机创作的？
- 问题 2：喜爱程度（从 1 到 5 打分）。

实验的结果让研究者有些吃惊，CAN 的生成作品非但超越了传统 GAN 生成的作品，甚至在用户的打分中超越了一些人类艺术家的优秀作品。

实验 2　实验 1 存在的问题是，如果一开始就问是否由计算机生成，那么评估者的回答很可能是随机的。实验 2 希望对实验 1 进行优化，在询问一系列问题之后再问是否由计算机生成，那么得到的回答应该是经过深思熟虑的。

- 问题 1：喜爱程度（从 1 到 5 打分）。
- 问题 2：创新程度（从 1 到 5 打分）。
- 问题 3：惊喜程度（从 1 到 5 打分）。
- 问题 4：风格模糊程度（从 1 到 5 打分）。
- 问题 5：复杂程度（从 1 到 5 打分）。
- 问题 6：是否是计算机创作的？

实验的结果和研究者料想的一致，更多由 CAN 生成的作品被判断为出自人类艺术家之手。但是实验一中的其他结果在实验二中依然是一致的。

实验 3 实验 3 的目标是在上面实验的基础上进一步验证 CAN 生成的内容能否被划定为艺术范畴，所以这里设计的四个问题都是属于艺术领域的。

- 问题 1：作品能否传达艺术家的意图。
- 问题 2：作品能否展现新兴的结构。
- 问题 3：作品能否与人交流。
- 问题 4：作品能否赋予灵感。

研究者在实验前假设人类艺术作品应该会在这几个问题下得分更高，但是出人意料的是 CAN 生成的作品却得到了更高的分数。这一结果确实值得思考，难道基于人类艺术家作品集训练产生的机器生成艺术已经超越了人类本身吗？

实验 4 实验 4 专注于创造力，我们将使用了风格模糊的 CAN 作品与没有使用艺术模糊的 CAN 作品成对地展示给观众，分别问以下两个问题。

- 问题 1：哪幅作品更具有创新性？
- 问题 2：哪幅作品更具备美学吸引力？

结果与研究者设想的一致，使用了风格模糊的 CAN 在创新性上确实是更胜一筹。

最后带着思考，我们可以来欣赏一下 CAN 的生成作品。图 12-36 是在实验中用户评价非常高的艺术生成作品。

在实验 1 和实验 3 中，分别按照观众喜爱程度、是否出自人类艺术家、作品的意向性、作品的组合、作品与观众的交流以及作品给人的灵感对 CAN 生成作品进行排名，每一组中的前五名，如图 12-37所示。

图 12-36　观众高评价的 CAN 生成作品（见彩插）

喜爱程度　　人类艺　　意向性　　组合　　交流　　灵感
　　　　　　术家作品

图 12-37　CAN 生成作品各项排行榜（见彩插）

12.3　设计领域的应用

12.3.1　AI 时代的设计

如果说 AI 艺术在一定程度上是利用了随机性来完成艺术创作，那么 AI 设计则是要在随机性中实现特定的目标。设计的过程是发现问题并解决问题，在一定程度上这对 AI 的能力要求更高了。

其实在 AI 设计的理念诞生之前，建筑领域就已经在使用计算机进行参数化设计了。所谓参数化设计，是指将设计要素全部数值化，通过对算法的修改和数值的变化来生成不同的设计方案。目前大部分计算机辅助设计通常都是基于设计师的强规则，可以将其称之为自动化设计，而 AI 时代的设计则是数据驱动型的，往往需要基于大量的设计素材以及用户数据来生成最恰当的设计。

在 2016 年的"双十一"这个电商平台创造的购物狂欢节上，阿里巴巴悄悄推出一个全新的内部 AI 产品——鲁班（在 2018 年改名为"鹿班"）⊖。这一款 AI 产品真正做到了解放设计师的双手，甚至在效率上远远超过了人类美工，一秒可以制作上千张的美工图片。

作为 AI 设计的一个标志性产品，"鲁班"把自己的目标定位在了广告横幅上，这也是在设计领域里需求量最大但是时效性最低的部分，需要设计师进行大量创造性较低的重复性工作。在 2016 年的"双十一"上，"鲁班"创造了 1.7 亿个设计横幅用于商品展示（见图 12-38），虽然其中依然有很多工作需要由设计师来干预，但是已经大大降低了人类设计师的工作量。2017 年，"鲁班"进一步升级，在内部增加了配色设计、风格设计、构图设计等，使得 AI 生成的广告设计更像是人类设计师的作品，这也让这一年的用户广告点击率有所上升，这也是 AI 设计第一次能够真正融合"美学"和"商业"两种属性。

除了"鲁班"之外，这几年也有其他的 AI 设计应用出现，尤其是对于一些特定的领域，AI 已经展现出了自己不俗的能力。比如 Logo 和品牌制作的方向上，有一批诸如 Logojoy⊖这样的 AI 设计公司涌现出来，用户只需要输入品牌名称标语以及一些个人偏好的属性，系统就会自动输出专属于该用户的 Logo 和品牌设计（见图 12-39 和图 12-40）。虽然 AI 自动生成的 Logo 可能还不够精美，但是对于设计师前期的灵感获取

⊖ http://lubanner.com
⊖ http://www.logojoy.com

已经非常有帮助了，此外，当设计师面对客户的时候也可以使用该工具确定客户企业的喜好，进行更精细化的设计作品。

图 12-38　"鲁班"智能设计的广告位横幅

图 12-39　Logojoy 生成的 Logo

图 12-40　Logojoy 生成的品牌设计

设计配色也是经常让设计师头疼的领域，在实际的设计过程中，设计师总是会面临大量的配色方案选择。Khroma 是一个专注于 AI 配色的平台[⊖]，它会根据设计师的偏好提供最适合的配色方案选项，随着设计师的使用，它也会智能地学习出专属于每一个设计师的配色风格。

一些设计师已经开始担心自己的职业受到 AI 的挑战。但事实上目前的 AI 设计依然是作为设计师的辅助工具，帮助设计师提高获取灵感的效率，降低重复性设计工作的时间。2017 年同济大学设计创意学院和特赞信息科技联合发布了首份《设计和人工智能报告》[⊖]，重点分析了设计与人工智能的关系，把这两者的结合作为一门全新的交叉学科，希望帮助更多设计师为人工智能时代做准备，报告认为："设计需要创造力和感情，恰好应该在智能时代扮演更重要的链接人工智能和人性的角色。因此，设计与人工智能的关系远远要比工作取代关系深入和复杂。""鲁班"的负责人乐乘也多次表示："AI 无法取代设计师，但是可以通过人机协作来互相增强。"在下一节中我们会看到 AI 技术如何实现辅助式的设计。

12.3.2 AI 辅助式设计的研究

为了完成一项产品的设计，设计师需要耗费大量的精力。首先面对设计需求，设计师需要从大量的草图绘制中寻找灵感。在确定草图后，设计师还需要精细地进行绘制来满足需求。在最终各种设计方案中，设计师需要花费大量的精力来进行挑选用户满意的那一个，如果用户不满意，可能又要进行新的探索。

上述工作中的每一步，设计师都会有自己严格的工作流程与工作方式，那么 AI 在这其中可以扮演什么样的角色呢？下面我们从几个方面来看一下 AI 辅助式设计可以做的事情以及目前正在开展的一些研究。

1. 草图生成

谷歌公司尝试了很多类似于 DeepDream 这样的艺术创作，甚至为 DeepDream 办了一场艺术展，但他们显然更想解决一些艺术之外的实际问题。草图是传达想法最简洁、直观的表达方式，当设计师希望表述自己的想法时，画一张草图似乎是最快捷的办法。SketchRNN 是谷歌公司提出的一种草图生成工具，它可以在用户画了简单几笔之后，自动为用户补全剩余部分，图 12-41所示是 SketchRNN 生成的手绘草图 [57]。

⊖ http://khroma.co
⊖ http://sheji.ai

图 12-41　SketchRNN 生成的草图

SketchRNN 不仅收集了大量手绘图的终稿，还将用户手绘过程中的一笔一划全部记录下来用作训练，它不仅要学会如何输出草图风格的图片，还要真正让计算机去学习如何作画。图 12-42 所示是 SketchRNN 的网络结构图，它是一个序列到序列的差分自动编码器架构，其中编码器是一个双向的 RNN，解码器是一个自回归 RNN。

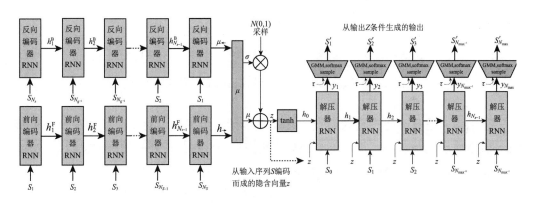

图 12-42　SketchRNN 的网络结构图

假设我们设置的模型是猫，那么对于用户输入的草图手绘，SketchRNN 并不是直接还原用户手绘的原样，而是将用户输入的内容作为条件信息，利用模型自身学习到的内容对猫进行重绘，如图 12-43所示。重建后的草图与原图十分神似，但也并非一模一样。

由于每一个模型都会有一个固定的主题，所以当输入的手绘稿出现偏差和错误的时候，SketchRNN 会自动在重绘时进行修正。比如图 12-44中第一张图输入的是一只三眼猫，但是重构后则变回了普通的两只眼睛的样子。而当用户输入的是牙刷的时候，输出的结果就有些难以理解了，但我们会发现模型似乎也在尽力绘制一只猫的样子。

图 12-43   SketchRNN 对于猫的手绘重建效果

图 12-44   SketchRNN 对于错误输入的手绘重建效果

图 12-45 是基于用户输入系统自动完成手绘的效果图，对于未完成的草图手稿，SketchRNN 会给出各种不同的补全结果供用户选择。用户前期画的内容越明确，最终系统输出的结果也越可能是用户所期望的。

官方提供了关于 SketchRNN 的源码和训练数据，可以在谷歌 Magenta 的网站⊖上下载到。此外，如果想直接体验草图生成的效果，项目方也提供了网页端的 Demo⊖供大家试用。

2. 交互式图像生成

在第 8 章中我们已经看到了 iGAN 的表现，用户可以在画板中输入大致几笔草图，iGAN 会自动输出对应的实景图片，这对于不具备手绘能力的普通用户来说是非常便捷

⊖ https://magenta.tensorflow.org/sketch_rnn
⊖ https://magenta.tensorflow.org/assets/sketch_rnn_demo/index.html

的，而对于设计师来说则可以大大提高从手稿到实物图设计的效率，可以基于生成的实物图进行进一步的精细化设计。

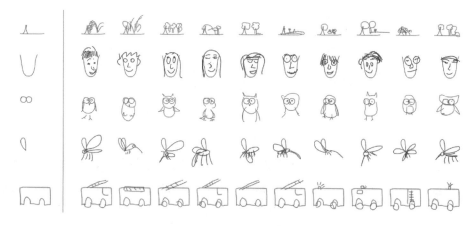

图 12-45　SketchRNN 的草图自动补全（见彩插）

对于已有的实物图片，通过简单的几笔修改就可以将图像改成自己希望的效果。比如下面对于一个包的修改，用户希望将原来的包的设计改版成一个较小的款式。如果使用传统方法，我们需要使用 Photoshop 之类的修图工具对它的边缘进行编辑，如果技术不够过关，最后编辑的效果可能会如图 12-46所示。

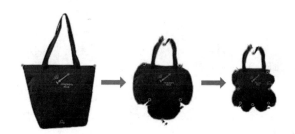

图 12-46　使用 Photoshop 等软件编辑一个包的过程

但是如果有了 iGAN 的帮助，效果就不同了，用户只需像图 12-47所示的那样在原图的基础上画上一个大致的轮廓，iGAN 会自动对包进行变形，最终生成理想中的效果。

这样的交互式图像生成不仅可以帮助设计师提高工作效率，也在很大程度上降低了用户绘图的门槛，在不需要大量绘图能力的情况下就能画出一幅令人满意的图画。

图 12-47   使用 GAN 编辑一个包的过程

在之前的例子中我们已经看到了很多 iGAN 实现交互式服装设计的例子，设计师可以通过简单几笔生成一个大致的鞋子或者背包，虽然最终图像不会非常完美，但是作为一个创作灵感的辅助已经足够了，设计师可以基于生成的内容进行二次创作，进一步细化设计细节。

TextureGAN 是 Adobe 公司联合乔治亚理工学院发起的一项关于不同材质服饰的生成模型研究，该模型可以实现在现有服饰手绘草图稿的基础上添加相应的材质贴片，就会自动生成基于该材质的最终设计效果图，图 12-48是在不同鞋型上的尝试，图 12-49是对于同款背包尝试不同材质贴片产生的不同效果 [58]。

图 12-48   不同鞋型的 TextureGAN 材质贴片生成效果

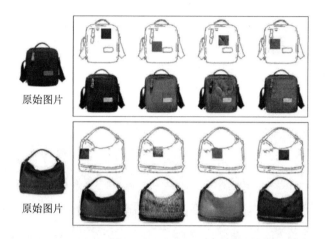

图 12-49 相同包型的 TextureGAN 材质贴片生成效果

TextureGAN 还支持多区域贴片的设计生成, 比如在图 12-50中人体服饰模型图上的不同位置设置不一样的贴片, 可以生成不同的穿搭效果。这对于服饰设计师来说确实是一种福音了, 他们可以很便捷地尝试不同材质或花纹, 使其在设计图上可视化地呈现。

图 12-50 TextureGAN 多区域贴片生成效果

3. 探索生成模型的隐含空间

对于普通用户来说, 要从零开始做设计是非常困难的, 但如果是在一个领域中进行探索, 去发现一个适合自己的设计作品似乎简单很多。然而由于设计所涉及的维度实在太多, 几乎无法通过穷举的方法来查看每一种可能并挑选出最合适方案。生成模型中的隐含空间似乎提供了某种可能性, 隐含空间实际上是对于生成空间的降维, 通过对于低维度隐含空间的探索，我们可以发现更多的设计可能性。

比如之前介绍 DCGAN 时提到过的卧室设计图生成，就可以通过在隐含空间中插值的方式查看不同卧室设计风格之间的过渡，普通用户也可以在没有室内设计师的帮助时探索自己心仪的效果，如图 12-51 所示。

图 12-51   DCGAN 卧室图片生成的隐含空间插值效果图

SketchRNN 也可以使用插值来进行手绘草图的探索，如图 12-52所示，用户输入的是一个猫脸和一个猫的全身草图，通过内部插值可以生成中间一系列过渡的草图，最中间一幅是一个完整的猫的图画。

图 12-52   SketchRNN 插值生成效果

一篇关于 TopoSketch 的研究基于这一种方法提出了静态图片生成动态视频的方案 [59]。如图 12-53所示，选取 5 张不同表情的静态人脸照片，通过在隐含空间中插值的方式，我们可以得到这些图片之间的过渡图像。由于在隐含空间中距离较近的点在生成空间中也应该保持较近的距离，所以相邻点之间表情变化不会非常大，这也使得最终输出的图像序列是连贯的。

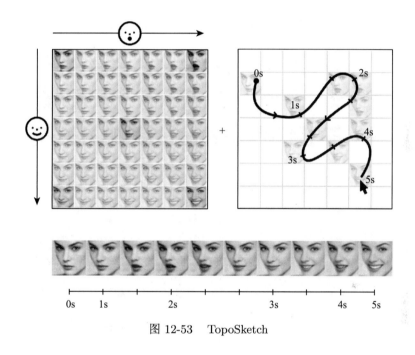

图 12-53　TopoSketch

有研究者为了尝试商业 Logo 在生成对抗网络上的生成，在互联网上爬取了将近 60 万的 Logo 数据（LLD）用于模型训练。他们也使用了隐含空间探索的方式来发现更多的 Logo 设计可能性，在图 12-54中，他们选取了 4 个 Logo，并在隐含空间中进行插值，可以看到 Logo 之间的过渡转换，以及融合了几种 Logo 风格的设计 [60]。

建筑设计领域中，还有尝试使用 GAN 来进行平面图的自动化设计的模型 Archi-GAN。ArchiGAN 通过三个步骤就可以帮助设计师快速生成一个单户住宅平面图，这三个步骤如图 12-55 所示，分别为：1）生成平面布局；2）生成空间规划；3）生成家具布置。有了 AI 的助力，可以有效减少设计师的重复性工作，并为他们创作的最终设计作品提供灵感。

也许有人会问，是否 AI 设计会抑制人类本身的创造力？如果所有的新事物可以由人工智能技术去探索，那么我们的思维会否被这样的技术所禁锢？目前这依然是一个开放的问题，就如同生成对抗网络本身的原理一样，在设计师与人工智能的博弈中，我们依然希望最终胜利的是不断进步的人类设计师[61]。

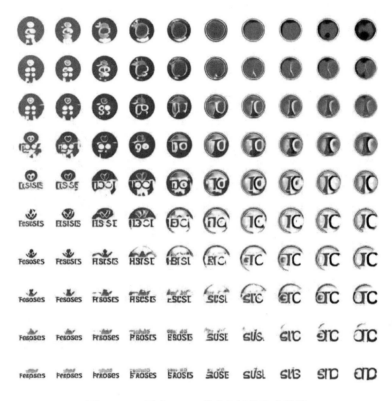

图 12-54   四种 Logo 的内部插值生成效果

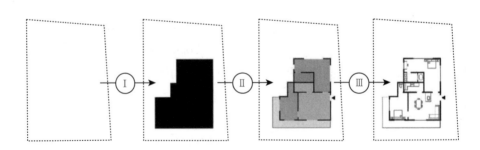

图 12-55   ArchiGAN 的三步生成

12.4　安全领域的应用

安全问题一直伴随着人工智能行业的发展，GAN 的发明者 Ian Goodfellow 在 OpenAI 和谷歌工作期间一直致力于研究生成对抗网络在安全领域的应用，他花了很多精力在预防对抗攻击的研究上，希望理解为什么机器学习模型很容易被微小的扰动干扰 [62-63]。

在 2018 年 5 月的深度学习与安全研讨会上，Ian 做了一个专门的主题演讲来告诉大家研究对抗攻击与对抗样本的重要性。此外，机器学习领域顶级大会 NIPS 也在 2018 年举办了计算机视觉方向的对抗攻击挑战赛，可见行业对于机器学习对抗攻击方向的重视程度。

那究竟什么是对抗攻击呢？下面我们来看一个 OpenAI 的小例子。图 12-56中最左边是一张熊猫的图像，使用机器学习模型可以 57.7% 的概率判断为熊猫，但是在加入了中间的扰动后形成对抗样本，最终输出右侧的图像，肉眼看依然是熊猫，但是机器学习模型却将其以 99.3% 的概率判断为长臂猿。

 $+\epsilon$  $=$

熊猫　　　　　　　　　　　　　　　　　　　　　　　　　　　长臂猿
57.7%可信度　　　　　　　　　　　　　　　　　　　　　　　99.3%可信度

图 12-56　对抗攻击示例

OpenAI 给出的另一个例子是洗衣机，如图 12-57所示，我们将洗衣机的照片打印出来并用智能手机的识别软件进行判断，在不处理原图的情况下，识别出的内容依然是洗衣机，当我们加入扰动后，手机识别软件就开始在保险柜和洗衣机之间摇摆不定了，如果我们进一步加强对抗样本的扰动，最终识别软件开始认为这其实是一台音响或者保险柜，而完全认不出这是洗衣机。但是从肉眼来看，这三张照片几乎没有任何区别。

对于上面这两个例子，似乎读者会觉得只不过是机器判断出现了错误，并没有太大影响，但是对于现在越来越普及的 AI 智能助手等服务，对抗攻击会让这些服务失灵。

另外，更值得注意的是在很多与安全直接相关的领域，对抗攻击可能会导致致命的后果。比如现在热门的自动驾驶汽车中就大量运用了计算机视觉的技术来识别路况，一个恶意的对抗攻击会让计算机将停车标志识别为通过标志，导致车祸。

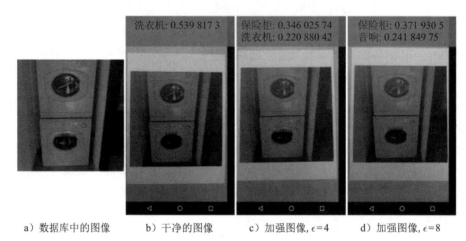

a）数据库中的图像　　b）干净的图像　　c）加强图像, $\epsilon=4$　　d）加强图像, $\epsilon=8$

图 12-57　对抗攻击下的手机摄像头物体识别

事实上深度神经网络非常容易被欺骗，图 12-58中这些毫无意义的图片会被卷积神经网络以很高的概率分类到某个类型。想要达到这样一种欺骗效果其实并不难，神经网络训练过程中会不断更新大量的神经元参数来满足训练结果，而对于对抗攻击者来说，只需要在网络参数不变的情况下不断更新输入图像的像素，就可以逐渐逼近对抗样本所期望的效果。

我们也可以从二维平面示意图（见图 12-59）中的二分类任务去理解这种对抗攻击的方式。其中虚线是该二分类任务的实际边界，而实线则是基于训练数据得到的模型分界线，对抗攻击者通过逐步将训练集中的数据移动到虚线与实线之间的错判区域中就完成了一次对抗攻击。

在生成对抗网络中，生成器其实就扮演了一个对抗攻击者的角色，而判别器则需要有很强的鲁棒性才能应对生成器的假数据。对抗式训练是目前应对对抗攻击的一种方法，与传统生成对抗网络训练生成模型的目的不同，这里的对抗式训练是为了获得一个高强度的判别器，以确保未来的对抗样本不会对其造成干扰。

Ian 和他在谷歌的同事 Nicolas Papernot 一起研发了一个对抗样本的开源项目 CleverHans[⊖]。该项目内置了很多扰动的方法，读者可以将其下载后应用在自己的训

⊖ https://github.com/tensorflow/cleverhans

练集上来测试模型是否具备一定的抗对抗攻击的能力。

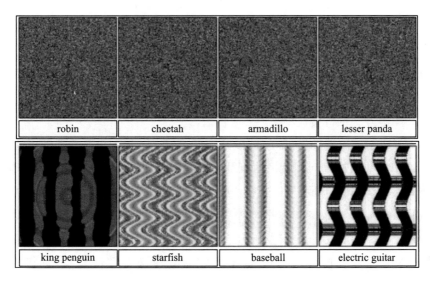

图 12-58 对抗样本示例

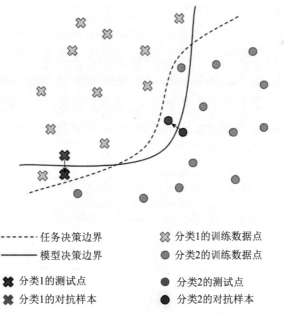

图 12-59 二维平面理解对抗攻击

除了传统的对抗训练以外，也有研究者使用防御式提炼（defensive distillation）在预防对抗攻击上取得了比较好的效果。相比于传统分类器基于固定标签的训练，使用防御式提炼的模型采用概率分类作为训练标签，也就是说对于某一个识别物并不以固定值作为标签，而是标记出它对应每个分类的概率。为了得到这个概率，需要先用传统的标签训练方式训练出一个前置的分类模型。最终，通过这种概率分类数据训练得到的模型可以有效降低对抗攻击的可能性。当然这个方法也并非完美，当攻击者的算力非常高的时候，这类防御方法也将会被攻破。

目前业界将对抗攻击的防御方法大致分为三种类型。第一种是修改训练的方式和输入数据，比如对数据加入一些随机性或是使用对抗式训练的方法。第二种是修改网络，比如上述的防御式提炼，证明可以抵抗小幅度的扰动。最后一种是使用附加网络来联合抵抗对抗攻击。

对于对抗攻击的研究目前依然是一个开放的领域，虽然现在还没有一个完美的研究能够找到应对对抗攻击的方法，但是也没有理论能证明对抗攻击是无法防御的。

12.5　本章小结

本章从多媒体到艺术设计介绍了生成对抗网络在其中的应用。从行业发展到应用落地，多媒体和艺术设计领域不断受到计算机以及人工智能的冲击，在这种冲击下，更多的是让该领域迸发出全新的活力。生成对抗网络的研究目前处于高速发展的阶段，技术还在不断发生变化，相信在不久的将来，以生成对抗网络为代表的一系列人工智能技术会带给我们更多的惊喜。希望读者能在本书的帮助下拥抱人工智能，思考背后的技术原理，在全新的人工智能时代到来之前做好准备。

参考文献

[1] Goodfellow I, Pouget-Abadie J, Mirza M, et al. Generative Adversarial Nets[C]. International Conference on Neural Information Processing Systems. MIT Press, 2014: 2672–2680.

[2] Goodfellow I. NIPS 2016 Tutorial: Generative Adversarial Networks[J]. arXiv preprint arXiv: 1701.00160, 2016.

[3] An introduction to Generative Adversarial Networks (with code in Tensor-Flow)[EB/OL]. http://blog. aglien.com/introduction-generative-adversarial-networks-code-tensorflow.

[4] Radford A, Metz L, Chintala S. Unsupervised representation learningwithdeepconvolutional-generativeadversarialnetworks[J]. arXiv preprint arXiv:1511.06434, 2015.

[5] Dumoulinand V, Visin F. Aguidetoconvolutionarithmeticfordeeplearning[J]. arXiv preprint arXiv: 1603.07285, 2016.

[6] MNIST Generative Adversarial Model in Keras[EB/OL].http://www.kdnuggets.com/2016/07/mnist-generative-adversarial-model-keras.html.

[7] Yeh R, Chen C, Lim T Y,Hasegawa-Johnson, et al. Semantic Image Inpainting with Perceptual and Contextual Losses[J]. arXiv preprint arXiv: 1607.07539, vol. 2, no. 3, 2016.

[8] Arjovsky M, Bottou L. Towardsprincipledmethodsfortraininggenerative Adversarial Networks[J]. arXiv preprint arXiv: 1701.04862, 2017.

[9] Nowozin S, Cseke B, Tomioka R. f-GAN: Traning Generative Neural Samplers Using Variational Divergence Minimization[J]. Advances in Neural Information Processing Systems, 2016.

[10] Arjovsky M, Chintala S, Bottou L. Wasserstein Gan[J]. arXiv preprint arXiv: 1701.07875, 2017.

[11] Salimans T, Goodfellow I, Zaremba W, et al. Improved Techniques for Training GANs[J]. Advances in Neural Information Processing Systems, 2016: 2234–2242.

[12] Metz L, Poole B, Pfau D, et al. Unrolled Generative Adversarial Networks[J]. arXiv preprint arXiv: 1611.02163, 2016.

[13] Gulrajani I, Ahmed F, Arjovsky M, et al. Improved Training of Wasserstein GANs[J]. Advances in Neural Information Processing Systems, 2017: 5767–5777.

[14] Mirza M, Osindero S. Conditional Generative Adversarial Nets. [J]. arXiv preprint arXiv: 1411.1784, 2014.

[15] Denton E L, Chintala S, Fergus R, et al.. Deep Generative Image Models Using a Laplacian Pyramid of Adversarial Networks[J]. Advances in neural information processing systems, 2015: 1486–1494.

[16] Ledig C, Theis L, Huszár F, et al.. Photo-Realistic Single Image Super-Resolution Using a Generative Adversarial Network[C]. Proceedings of the IEEE Conference on Computer Vision and Pattern Recognition, 2017: 4681– 4690.

[17] Odena A. Semi-Supervised Learning with Generative Adversarial Networks[J]. arXiv preprint arXiv: 1606.01583, 2016.

[18] Odena A, Olah C, Shlens J. Conditional Image Synthesis with Auxiliary Classifier GANs[J]. International Conference on Machine Learning, 2017: 2642–2651.

[19] Chen X, Duan Y, Houthooft R, et al. Infogan: Interpretable Representation Learning by Information Maximizing Generative Adversarial Nets[J]. Advances in Neural Information Processing Systems, 2016: 2172–2180.

[20] Reed S, Akata Z, Yan X, et al. Generative Adversarial Text to Image Synthesis[J]. arXiv preprint arXiv: 1605.05396, 2016.

[21] Reed S E, Akata Z, Mohan S, et al. Learning What and Where to Draw[J]. Advances in Neural Information Processing Systems, 2016: 217–225.

[22] Zhang H, Xu T, Li H, et al. Stackgan: Text to Photo-Realistic Image Synthesis with Stacked Generative Adversarial Networks[C]. Proceedings of the IEEE International Conference on Computer Vision, 2017: 5907–5915.

[23] Zhang H, Xu T, Li H, et al. Stackgan++: Realistic Image Synthesis with Stacked Generative Adversarial Networks[J]. IEEE Transactions on Pattern Analysis and Machine Intelligence, 2018: 1947–1962.

[24] Xu T, Zhang P, Huang Q, et al. Attngan: Fine-Grained Text to Image Generation with Attentional Generative Adversarial Networks[J]. Proceedings of the IEEE conference on computer vision and pattern recognition, 2018: 1316–1324.

[25] Zhu J Y, Krähenbühl P, Shechtman E, et al. Generative Visual Manipulation on the Natural Image Manifold[C]. European Conference on Computer Vision, Springer, 2016: 597-613.

[26] Isola P, Zhu J Y, Zhou T, et al. Image-to-Image Translation with Conditional Adversarial Networks[J]. Proceedings of the IEEE conference on computer vision and pattern recognition, 2017: 1125–1134.

[27] Ronneberger O, Fischer P, Brox T. U-net: Convolutional Networks for Biomedical Image Segmentation[C]//International Conference on Medical Image Computing and Computer-Assisted Intervention, Springer, 2015: 234–241.

[28] Zhu J Y, Park T, Isola P, et al. Unpairedimage-to-Imagetranslation Using Cycle-Consistent Adversarial Networks[J]. Proceedings of the IEEE International Conference on Computer Vision, 2017: 2223–2232.

[29] Kim T, Cha M, Kim H, et al. Learning to Discover Cross-Domain Relations with Generative Adversarial Networks[J]. arXiv preprint arXiv: 1703.05192, 2017.

[30] Chang B, Zhang Q, Pan S, et al. Generating Handwritten Chinese Character s Using Cycle-GAN[J]. 2018 IEEE Winter Conference on Applications of Computer Vision (WACV), IEEE, 2018.

[31] Choi Y, Choi M, Kim M, et al. Stargan: Unified Generative Adversarial Networks for M ulti-Domain Image-to-image Translation[J]. Proceedings of the IEEE Conference on Computer Vision and Pattern Recognition, 2018: 8789–8797.

[32] Yu L, Zhang W, Wang J, et al. Seqgan: Sequence Generative Adversarial Nets with Policy Gradient[J]. Thirty-First AAAI Conference on Artificial Intelligence, 2017.

[33] Lin K, Li D, He X, et al. Adversarial Ranking for Language Generation[J]. Advances in Neural Information Processing Systems, 2017: 3155–3165.

[34] Guo J, Lu S, Cai H, et al. Long Text Generation via Adversarial Training with Leaked Information[J]. arXiv preprint arXiv: 1709.08624, 2017.

[35] .Suttonand R. S,. Barto A. G. Reinforcement Learning: An introduction[M]. MIT Press, 2018.

[36] Konda V R, Tsitsiklis J N. Actor-Critic Algorithms[J]. Advances in Neural Information Processing Systems, 2000: 1008–1014.

[37] Pfau D, Vinyals O. Connecting Generative Adversarial Networks and Actor-Critic Methods[J]. arXiv preprint arXiv: 1610.01945, 2016.

[38] Ng A Y, Russell S J, et al. Algorithms for Inverse Reinforcement Learning [J]. Icml, 2000.

[39] Abbeel P, Ng A Y. Apprenticeship Learning via Inverse Reinforcement Learning[J]. Proceedings of the twenty-first international conference on Machine learning, 2004.

[40] Ziebart B D, Maas A L, Bagnell J A, et al. Maximum Entropy Inverse Reinforcement Learning[J]. Aaai, Chicago, IL, 2008.

[41] Wulfmeier M, Ondruska P, Posner I. Maximum Entropy Deep Inverse Reinforcement Learning[J]. arXiv preprint arXiv: 1507.04888, 2015.

[42] Hoand J, Ermon S. Generative Adversaria Limitation Learning[J]. Advances in Neural Information Processing Systems, 2016: 4565–4573.

[43] Barratt S, Sharma R. A Note on the Inception Score[J]. arXiv preprint arXiv: 1801.01973, 2018.

[44] Heusel M, Ramsauer H, Unterthiner T, et al. GANs Trained by a Two Time-Scale Update Rule Converge to a Local Nash Equilibrium[J]. Advances in Neural Information Processing Systems, 2017: 6626–6637.

[45] Lucic M, Kurach K, Michalski M, et al. Are GANs Created Equal? A Large-Scale Study[J]. Advances in Neural Information Processing Systems, 2018: 700–709.

[46] Miyato T, Kataoka T, Koyama M, et al. Spectral Normalization for Generative Adversarial Networks[J]. arXiv preprint arXiv: 1802.05957, 2018.

[47] Zhang H, Goodfellow I, Metaxas D, et al. Self-Attention Generative Adversarial Networks[J]. International Conferenceon Machine Learning, PMLR, 2019.

[48] Brock A, Donahue J, Simonyan K. Large Scale GAN Training for High Fidelity Natural Image Synthesis[J]. arXiv preprint arXiv: 1809.11096, 2018.

[49] Karras T, Laine S, Aila T. A Style-Based Generator Architecture for Generative Adversarial Networks[J]. Proceedings of the IEEE Conference on Computer Vision and Pattern Recognition, 2019: 4401–4410.

[50] Kupyn O, Budzan V, Mykhailych, D, et al. DeblurGAN: Blind Motion Deblurring Using Conditional Adversarial Networks[J]. Proceedings of the IEEE Conference on Computer Vision and Pattern Recognition, 2018: 8183–8192.

[51] Donahue C, McAuley J, Puckette M. Synthesizing Audio with Generative Adversarial Networks[J]. arXiv preprint arXiv: 1802.04208, 2018.

[52] Hertzmann A. Can Computer Screate Art?[J]. Arts, Multidisciplinary Digital Publishing Institute, 2018.

[53] Galanter P. What is Generative Art? Complexity Theory as a Context for Art Theory[J]. In GA2003–6th Generative Art Conference, Citeseer, 2003.

[54] Inceptionism: Going Deeper into Neural Networks[EB/OL]. https: ai.googleblog. com/2015/06/inceptionism-going-deeper-into-neural.html.

[55] Tan W R, Chan C S, Aguirre H E. ArtGAN:Artwork Synthesis with Conditional Categorical GANs[J]. IEEE International Conference on Image Processing (ICIP), IEEE, 2017: 3760–3764.

[56] Elgammal A, Liu B, Elhoseiny M, et al. CAN: Creative Adversarial Networks Generating "Art" by Learning About Styles and Deviating from Style Norms[J]. arXiv eprint arXiv, 2017.

[57] Teaching Machines to Draw[EB/OL]. https://ai.googleblog.com/2017/04/teaching-machines-to-draw.html.

[58] Xian W, Sangkloy P, Agrawal V, et al. TextureGAN: Controlling Deep Image Synthesis with Texture Patches[J]. Proceedings of the IEEE Conference on Computer Vision and Pattern Recognition, 2018: 8456–8465.

[59] Loh I, White T. Toposketch: Drawing in Latent Space[J]. NIPS Workshop on Machine Learning for Creativity and Design, 2017.

[60] Sage A, Agustsson E, Timofte R. Logo Synthesis and Manipulation with Clustered Generative Adversarial Networks[J]. Proceedings of the IEEE Conference on Computer Vision and Pattern Recognition, 2018: 5879–5888.

[61] Carter S, Nielsen M. Using Artificial Intelligence to Augment Human Intelligence[J]. Distill, 2017.

[62] Goodfellow I, Shlens J, Szegedy C. Explaining and Harnessing Adversarial Examples[J]. arXiv preprint arXiv: 1412.6572, 2014.

[63] Goodfellow I. Defense Against the Dark Arts: An Overview of Adversarial Example Security Research and Future Research Directions[J]. arXiv preprint arXiv: 1806.04169, 2018.

推荐阅读

推 荐 阅 读

机器学习实战：基于Scikit-Learn、Keras和TensorFlow（原书第2版）

作者： Auré lien Gé ron ISBN：978-7-111-66597-7 定价：149.00元

机器学习畅销书全新升级，基于TensorFlow 2和Scikit-Learn新版本

Keara之父、TensorFlow移动端负责人鼎力推荐

"美亚"AI+神经网络+CV三大畅销榜冠军图书

从实践出发，手把手教你从零开始构建智能系统

  这本畅销书的更新版通过具体的示例、非常少的理论和可用于生产环境的Python框架来帮助你直观地理解并掌握构建智能系统所需要的概念和工具。你会学到一系列可以快速使用的技术。每章的练习可以帮助你应用所学的知识，你只需要有一些编程经验。所有代码都可以在GitHub上获得。

机器学习算法（原书第2版）

作者： Giuseppe Bonaccorso ISBN：978-7-111-64578-8 定价：99.00元

  本书是一本使机器学习算法通过Python实现真正"落地"的书，在简明扼要地阐明基本原理的基础上，侧重于介绍如何在Python环境下使用机器学习方法库，并通过大量实例清晰形象地展示了不同场景下机器学习方法的应用。